普通高等教育规划教材

单片微型计算机实验教程

蒙志强　编

人民交通出版社股份有限公司
China Communications Press Co.,Ltd.

内 容 提 要

本书以 AT89C52 单片机为例,重点介绍微型计算机接口原理和开发流程。全书共有 10 个实验项目。实验一介绍 Keil 软件使用;实验二介绍 Proteus 软件使用;实验三介绍 P1 口亮灯;实验四介绍数码管显示;实验五介绍定时器中断;实验六介绍 AD/DA 转换;实验七介绍电子秒表设计;实验八介绍双机通信;实验九介绍呼叫器控制;实验十介绍步进电机控制。前面 6 个实验项目为微型计算机基础运用,后面 4 个实验项目为微型计算机综合运用。

本书可以作为高等学校电子类、通信类、自动化类、电气类、机械类、仪器仪表类等本科专业单片机技术、单片微型计算机技术课程的实验用书,也可以作为本科生开放性实验、专业课程设计、毕业设计及嵌入式技术相关的系统开发的参考用书。

图书在版编目(CIP)数据

单片微型计算机实验教程 / 蒙志强编. —北京 :
人民交通出版社股份有限公司,2019.7
ISBN 978-7-114-15654-0

Ⅰ.①单… Ⅱ.①蒙… Ⅲ.①单片微型计算机—教材
Ⅳ.①TP368.1-33

中国版本图书馆 CIP 数据核字(2019)第 128432 号

普通高等教育规划教材

书　　名:单片微型计算机实验教程
著 作 者:蒙志强
责任编辑:闫吉维　郭红蕊
责任校对:张　贺　龙　雪
责任印制:张　凯
出版发行:人民交通出版社股份有限公司
地　　址:(100011)北京市朝阳区安定门外外馆斜街 3 号
网　　址:http://www.ccpress.com.cn
销售电话:(010)59757973
总 经 销:人民交通出版社股份有限公司发行部
经　　销:各地新华书店
印　　刷:北京武英文博科技有限公司
开　　本:787×1092　1/16
印　　张:6
字　　数:133 千
版　　次:2019 年 7 月　第 1 版
印　　次:2019 年 7 月　第 1 次印刷
书　　号:ISBN 978-7-114-15654-0
定　　价:28.00 元

前　言

QIANYAN

随着高等学校教学改革深入和本科生的总学时数减少，很多学校非计算机专业已经将“微机原理”和“单片机原理及运用”两门课程压缩成为一门课程，并且从偏向运用性出发。为了便于读者在较少的学时下既能掌握理论知识，又能解决实际工程问题，本书采用实践项目的方式，同时在实践项目过程中链接相关理论知识，把晦涩的理论知识融入实践项目过程中，帮助读者更深刻地理解相关理论，同时为以后系统开发打下坚实的基础。

为实现这一目标，本书从初学者角度出发，在内容编排上，由浅入深，由易到难，循序渐进。考虑到汇编语言在单片微型机原理学习的重要性，本书依然把它作为基本的编程语言同时也考虑到 C51 语言在单片机开发工程中的广泛运用，本书也引入了 C51 程序设计知识，并在案例分析过程中采用了汇编编程和 C51 编程两种编程方法。本书充分考虑到初学者对本课程理论知识有限，对编程有“恐惧”畏难情绪，因此对每一个实验项目都进行了案例分析，将涉及的理论知识进行了链接。同时也给出了与案例相关的实验项目，让读者自己摸索。在实验项目的设计上，既注重实验基本原理运用，又充分考虑实验内容与原理相结合。

全书共有 10 个实验项目。实验一介绍 Keil 软件使用；实验二介绍 Proteus 软件使用；实验三介绍 P1 口亮灯；实验四介绍数码管显示；实验五介绍定时器中断；实验六介绍 AD/DA 转换；实验七介绍电子秒表设计；实验八介绍双机通信；实验九介绍呼叫器控制；实验十介绍步进电机控制。前面 6 个实验项目为微型计算机基础运用，后面 4 个实验项目为微型计算机综合运用。

本书由重庆交通大学机电与车辆工程学院蒙志强编写，在编写过程中得到了杨志刚教授、刘朝涛副教授、余腾伟副教授、周凡高级实验师、李斌讲师及重庆交通大学机电实验室同事的大力支持和帮助，在此深表谢意。同时感谢人民交通出版社股份有限公司的郭红蕊编辑在出版过程中的大力支持。在此一并表示感谢。

由于编写时间仓促，作者水平有限，书中错误及不妥之处在所难免，恳请广大读者和专家批评指正。

编　者

2019 年 3 月

目　录

MULU

实验一　Keil 软件使用

一、实验目的

1. 熟悉 Keil 软件安装。
2. 熟练 Keil 软件功能菜单。
3. 学会编写、调试程序代码。

二、软件简介

Keil 软件是众多单片机应用开发软件中最优秀的软件之一，它是美国公司 Keil Software 公司推出的 51 系列兼容单片机集成开发系统。它支持众多不同公司的 MCS-51 架构的芯片，集编辑、编译、仿真等于一体，同时还支持 PLM、汇编、C 语言的程序设计。Keil 软件提供丰富的库函数和功能强大的集成开发调试工具，全 Windows 界面，界面友好，易学易用，在开发大型软件时更能体现高级语言的优势。因此，受到了广大 51 系列单片机开发应用工程师、嵌入式系统工程师及普遍单片机爱好者的青睐。

本书所讲解的 Keil 软件版本为 4.0，为了能让大家方便地学习本软件使用方法，建议在学习本教材过程中尽量选择该版本。开发者可以到 Keil Software 公司的主页免费下载 Eval 版本。该版本的功能虽有一定的限制，但不影响学习者使用。

三、软件安装

1. 下载 Keil 软件。
2. 在电脑新建安装软件文件夹。
3. 点击"setup"图标开始安装。
4. 弹出如图 1.1 所示窗口，选择"Next"。

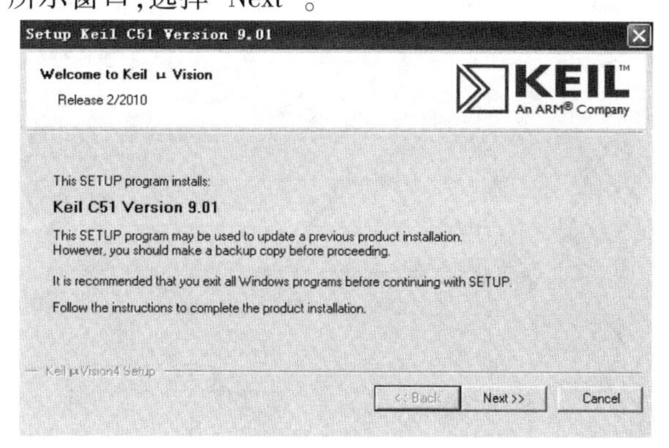

图 1.1　Keil 软件安装初始界面

5. 弹出如图1.2所示窗口，单击“I agree to all the terms of the preceding License Agreement”单选框，然后再选择“Next”。

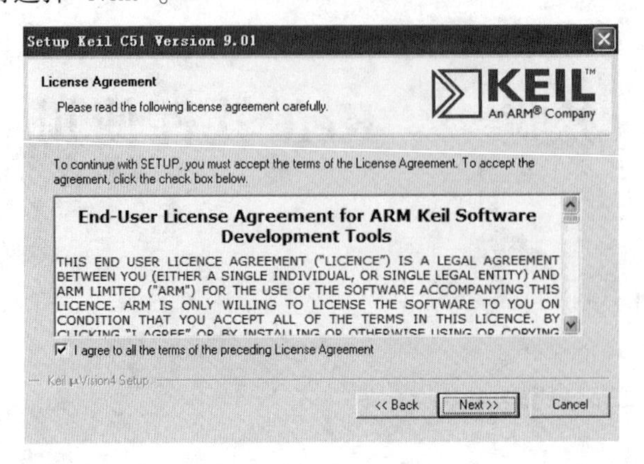

图1.2　Keil软件安装许可证

6. 弹出如图1.3所示窗口，点击“Browse”按钮，选择软件安装文件。注意该文件的安装路径名最好不要使用中文，然后再选择“Next”。

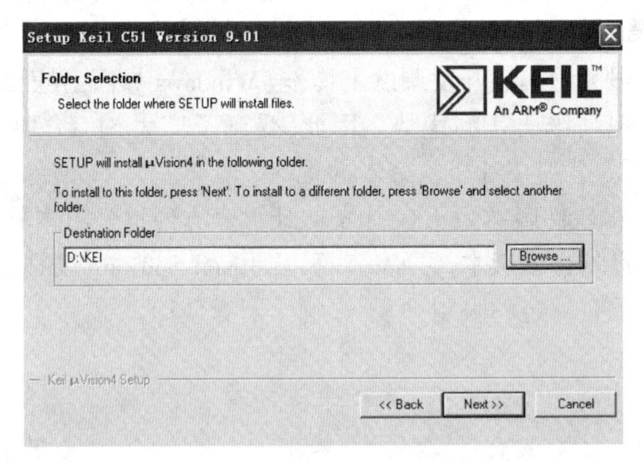

图1.3　Keil软件安装路径

7. 弹出如图1.4所示窗口，填写用户信息，然后再选择“Next”，等待安装。

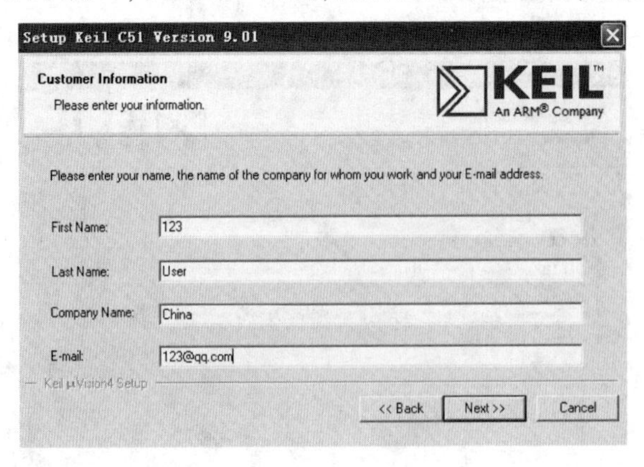

图1.4　用户信息

8. 弹出如图 1.5 所示窗口,点击“Finish”,结束安装。

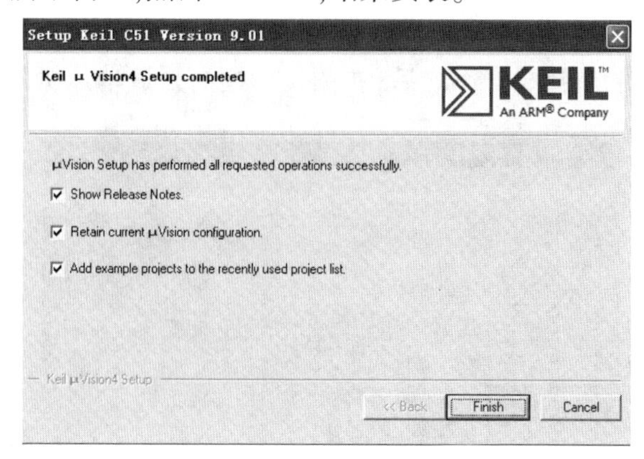

图 1.5　Keil 软件安装完成

四、项目建立

学习程序设计语言最重要的是要实践。下面通过简单的编程、调试,引导大家学习 Keil C51 软件的基本使用方法和基本的调试技巧。

1. 在电脑桌面或者 D 盘新建一个文件,文件名为学号,用于保存新建工程。

2. 建立一个新工程,如图 1.6 所示。单击“Project”菜单,在弹出的下拉菜单中选中“New Project”选项。

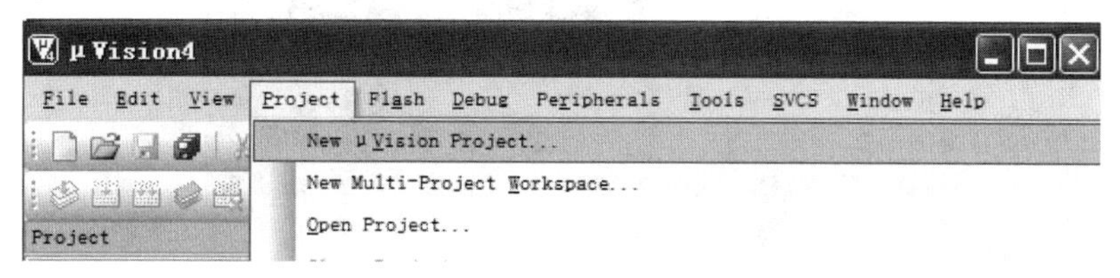

图 1.6　新建工程

3. 选择要保存的路径,输入工程文件名,比如保存到 D1 目录里,工程文件的名字为 D1,如图 1.7 所示,然后点击“保存”。

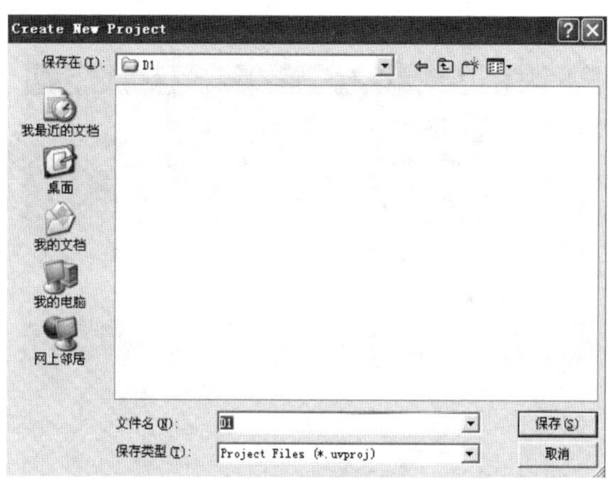

图 1.7　保存工程

4. 这时会弹出一个对话框，如图 1.8 所示，需要求选择单片机的型号，用户可以根据使用的单片机来选择，Keil C51 几乎支持所有的 51 核的单片机，这里还是以被广泛使用的 Atmel 的 AT89C51 来说明，选择 89C51 之后，右侧显示框内是该单片机的基本的说明，然后点击“OK”。

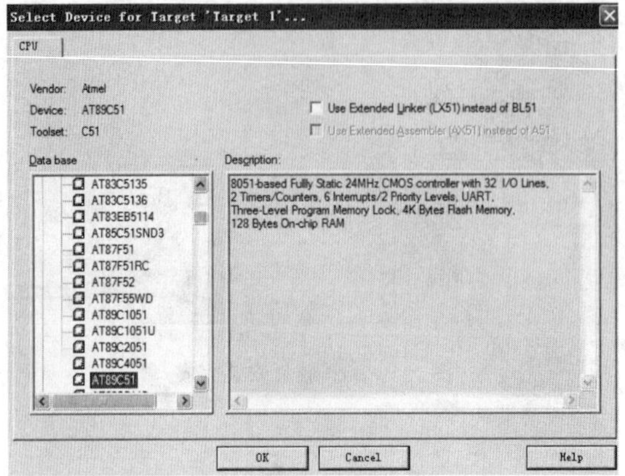

图 1.8 选择 CPU 芯片

5. 完成上一步骤后，屏幕显示如图 1.9 所示。

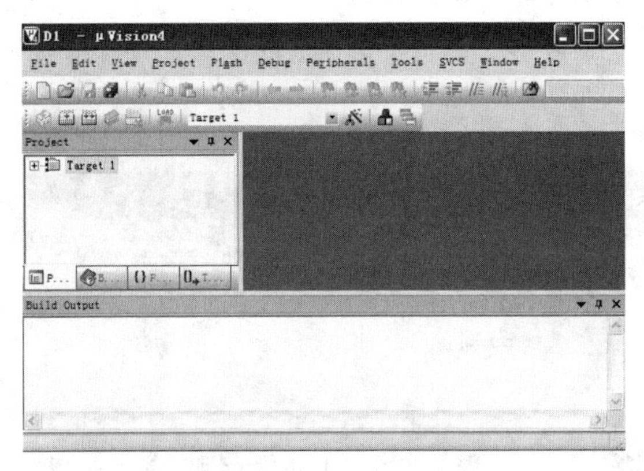

图 1.9 CPU 选择完成

6. 在图 1.10 中，单击“File”菜单，再在下拉菜单中单击“New”选项，新建文件后的屏幕显示如图 1.11 所示。

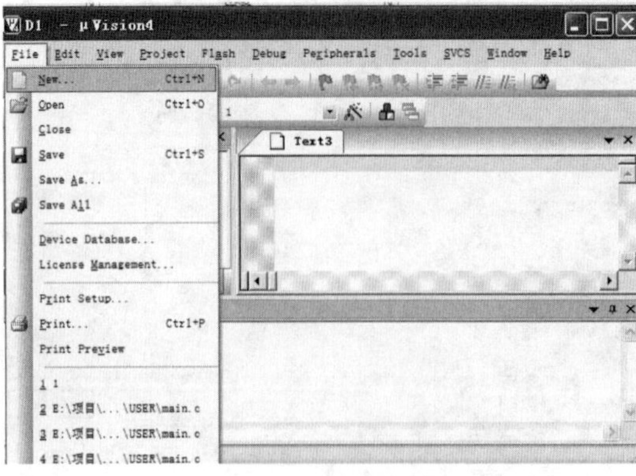

图 1.10 新建源代码窗口

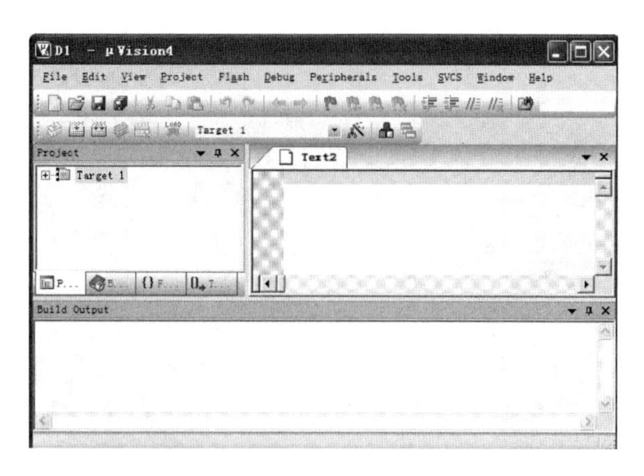

图 1.11 新建源代码窗口完毕

7. 保存源代码。此时光标在编辑窗口内闪烁,这时可以键入用户的应用程序了,但建议首先保存该空白的文件,单击菜单上的“File”,在下拉菜单中选中“Save As”选项单击,屏幕如图 1.12 所示,在“文件名”栏右侧的编辑框中,键入欲使用的文件名,同时,必须键入正确的扩展名。注意,如果用 C 语言编写程序,则扩展名为. c,如图 1.12 所示;如果用汇编语言编写程序,则扩展名必须为. asm,如图 1.13 所示,然后单击“保存”按钮。

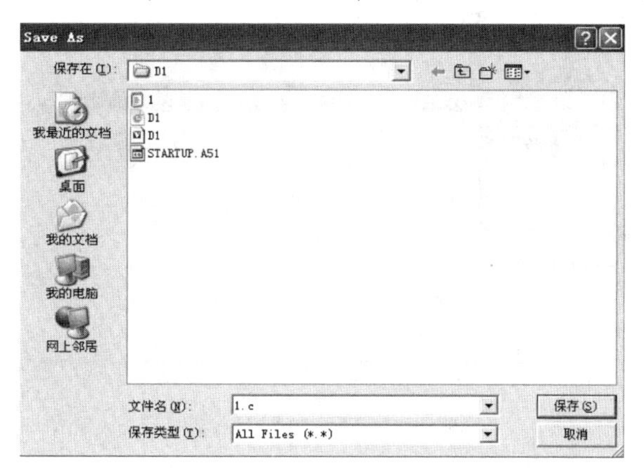

图 1.12 保存 C 语言源代码

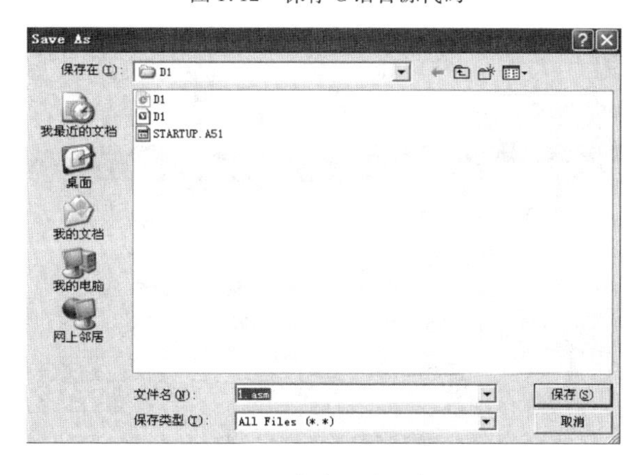

图 1.13 保存汇编源代码

8. 回到编辑界面,单击“Target 1”前面的“ + ”号,然后在“Source Group 1”上单击右键,弹出如图 1.14 所示菜单。

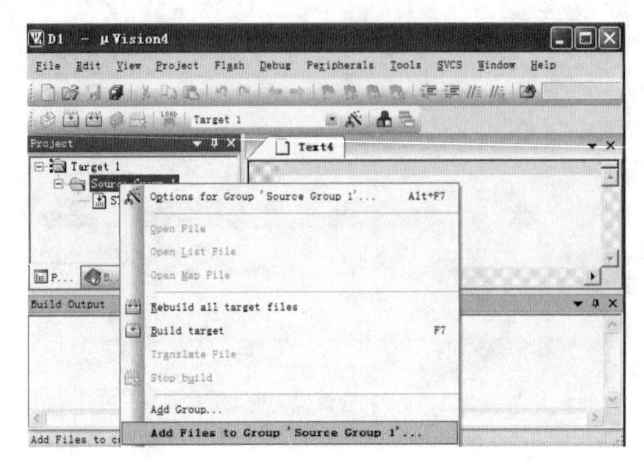

图 1.14 添加源代码

9. 单击“Add Files to Group ‘Source Group 1’”,添加 C 语言源代码,如图 1.15 所示,然后单击“Add ”,注意选择文件类型。

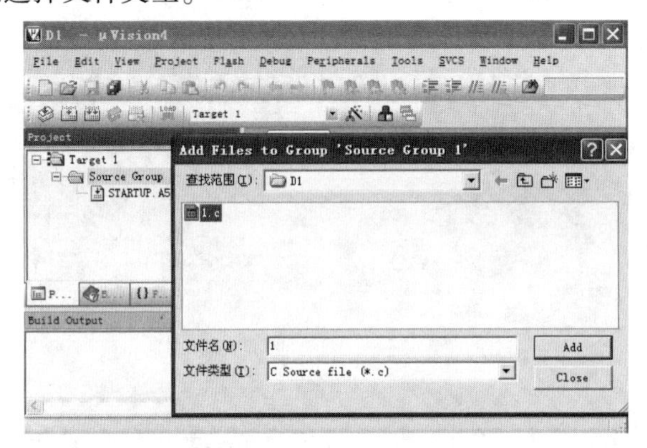

图 1.15 添加 C 语言源代码

单击“Add Files to Group ‘Source Group 1’”,添加汇编源代码如图 1.16 所示,然后单击“Add ”, 注意选择文件类型。

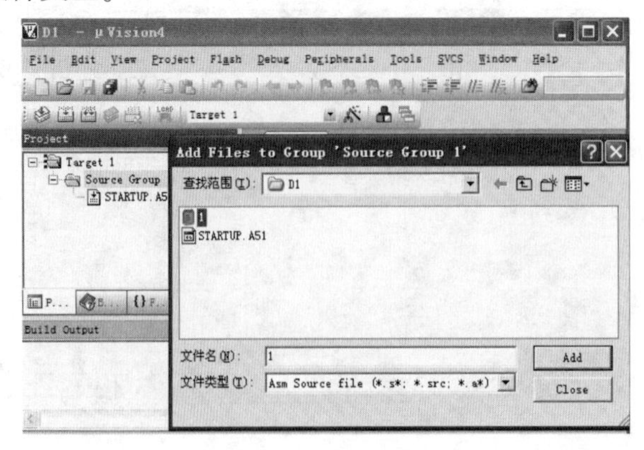

图 1.16 添加汇编源代码

10. 编辑源代码。用 C 语言和汇编语言两种编程方式，编写一个单片机控制闪烁灯程序。

汇编语言参考程序如下：

```
ORG 0
START: CLR P1.0                ;置零
LCALL DELAY                    ;调用延时子程序
SETB P1.0
LCALL DELAY
LJMP START
DELAY: MOV R5,#20              ;延时子程序，延时 0.2 秒
D1: MOV R6,#20
D2: MOV R7,#248
DJNZ R7, $                     ;执行 1 次，R7 减 1，R7 不等于 0，跳转
DJNZ R6,D2
DJNZ R5,D1
RET
END
```

C 语言参考程序如下：

```
#include <reg52.h>
sbit L1 =P1^0;
void delay02s(void)            ;延时 0.2 秒子程序
{
unsigned char i,j,k;
for(i =20;i >0;i--)
for(j =20;j >0;j--)
for(k =248;k >0;k--);
}
void main(void)
{
while(1)
{
L1 =0;
delay02s( );
L1 =1;
delay02s( );
}
}
```

11. 在输入上述程序时，Keil C51 会自动识别关键字，并以不同的颜色提示用户加以注

意,这样会使用户少犯错误。程序输入完毕后,C 语言编辑窗口如图 1.17 所示。

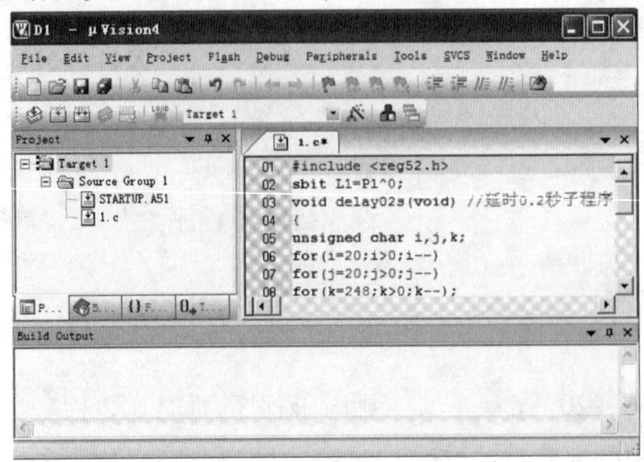

图 1.17　C 语言编辑窗口

程序输入完毕后,汇编语言如图 1.18 所示。

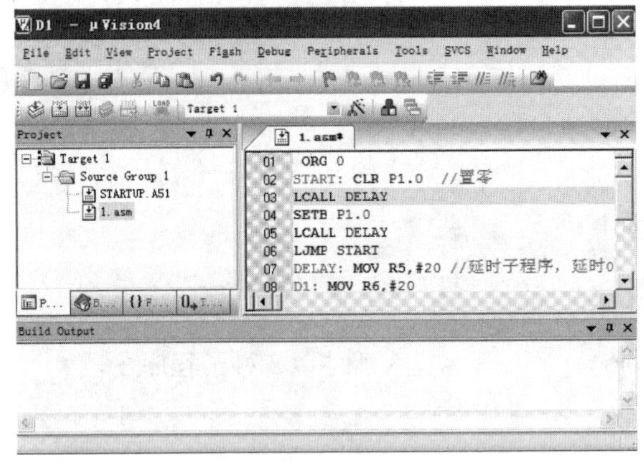

图 1.18　汇编编辑窗口

12. 点击“魔法棒”按钮,如图 1.19 所示。

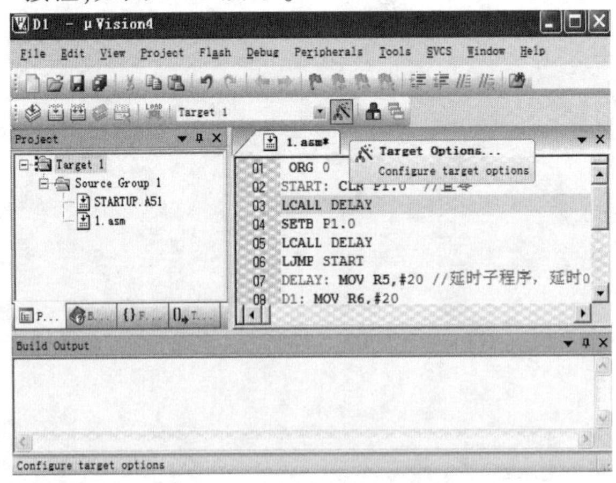

图 1.19　魔法棒

13. 在弹出的窗口中,先单击菜单上的“Output”,然后单击“Create HEX File”选项,如图 1.20所示。

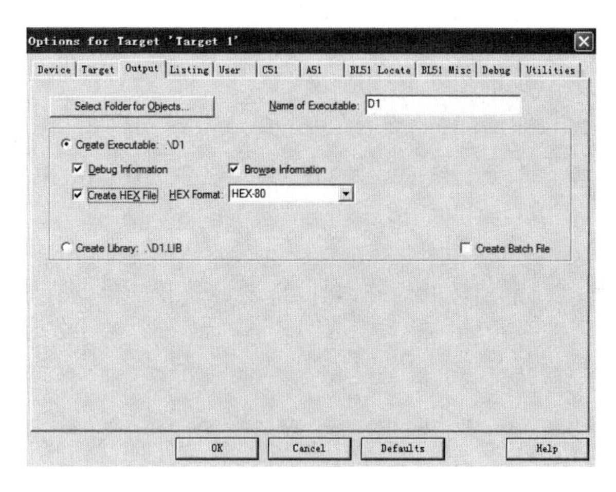

图1.20　输出形式

14. 如图1.21所示,点击"Rebuild"按钮,Keil软件进行全编译。编译完成之后,左下角Build Output窗口会显示语法错误信息。若生成了HEX文件,就可以下载到单片机。

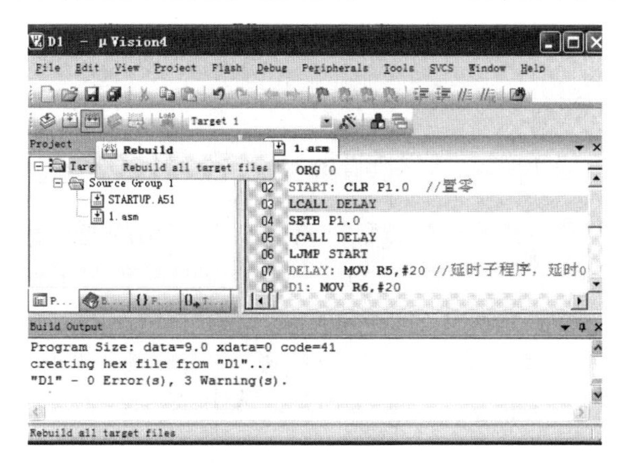

图1.21　编译模式

15. Keil软件调试。单击"Debug"菜单,在下拉菜单中单击"Start/Stop Debug Session",屏幕显示如图1.22所示。

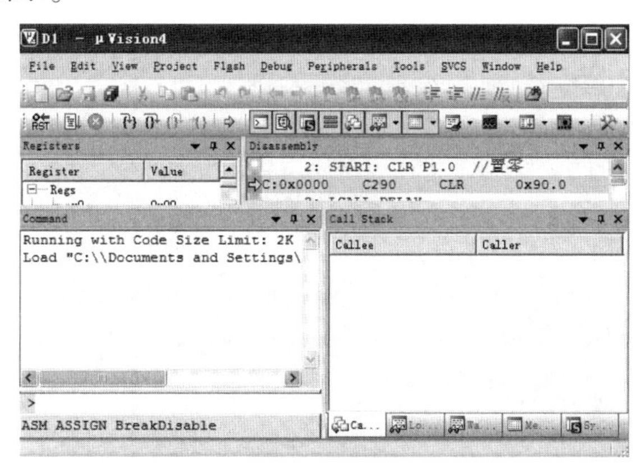

图1.22　调试模式

在软件调试模式下，我们可以设置断点、单步、全速、进入某个函数内部运行程序，同时还可以查看变量变化过程、模拟硬件 I/O 口电平状态变化、查看代码执行时间等。在开始调试前，首先熟悉一下调试按钮功能，如图 1.23 所示。

图 1.23　调试按钮

——将程序复位到主函数的最开始处，准备重新开始运行程序。

——全速运行，运行程序时中间不停止。

——停止全速运行，全速运行程序时，激活该按钮，用来停止全速运行的程序。

——进入子函数内部。

——单步执行代码，不会进入子函数内部，可以直接跳过函数。

——跳出当前进入的函数，只有进入子函数内部，该按钮才被激活。

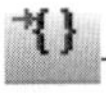

——程序直接运行至当前光标所在行。

——显示/隐藏编译窗口，可以查看每句 C 语言编译后所对应的汇编代码。

——显示/隐藏变量观察窗口，可以查看各个变量值的变化状态。

大家不妨把这些按钮一个个都单击试试看，只有亲自操作过了记忆才深刻。在单步执行代码时，查看外围设备窗口如图 1.24 所示。

选择“Interrupt”按钮就打开了中断系统显示窗口，窗口内显示所有中断源的状态，对于选定的中断源，可以在窗口下面的复选框进行状态设置。选择“I/O-Ports”打开输入/输出端口(P0-P3)的观察窗口。选择“Serial”就打开串行口的观察口，可以随时修改窗口中显示的状态。选择“Timer”就打开定时器的观察口，可以随时修改窗口中显示的状态。

单步执行代码时，查看变量窗口。在“View”菜单中选择“Watch Window”项，在屏幕底部就会出现如图 1.25 所示窗口。

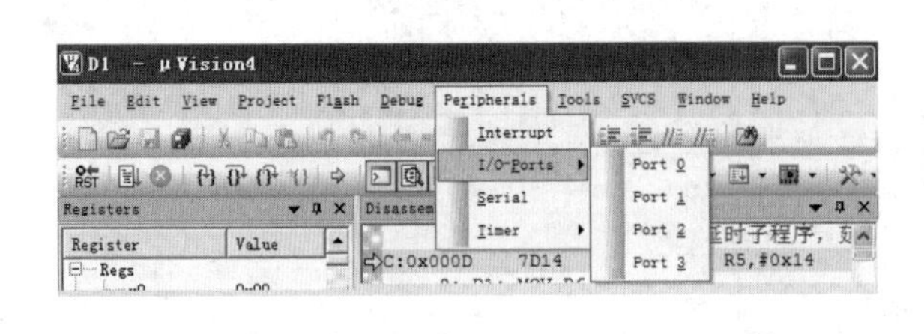

图 1.24　外围设备查看窗口

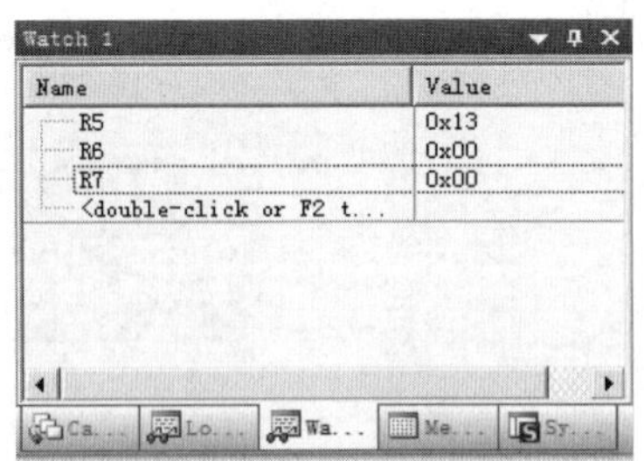

图 1.25　变量窗口

五、实验任务

1. 安装 Keil 软件。

2. 熟悉 Keil 软件菜单功能。
3. 在 Keil 软件上编写一个汇编语言程序,并生成 HEX 文件。
4. 在 Keil 软件上编写一个 C 语言程序,并生成 HEX 文件。

六、实验要求

熟练掌握 Keil 软件的安装、代码编写、程序编译、程序调试。

七、实验思考

1. 如何使用 Keil 软件新建工程?
2. 如何使用 Keil 编写汇编 C 语言源代码?
3. 如何使用 Keil 软件调试代码?
4. 在 Keil 软件中,如何观察变量、I/O 口状态、串口状态、定时状态?
5. 在 Keil 软件中,如何添加或者删除源代码文件?

实验二　Proteus 软件使用

一、实验目的

1. 熟练绘制电路图。
2. 熟练掌握电子电路仿真。

二、软件简介

Proteus 是英国 Labcenter Electronics 公司开发的 EDA 软件。它运行于 Windows 操作系统上，能够实现原理图设计、电路仿真到 PCB 设计的一站式作业，真正实现了电路仿真软件、PCB 设计软件和虚拟模型仿真软件的三合一。Proteus 的主要特点是：

1. 完善的电路仿真和单片机协同仿真。具有模拟、数字电路混合仿真，单片机及其外围电路的仿真；拥有多样的激励源和丰富的虚拟仪器。

2. 支持主流单片机类型。目前支持的单片机类型有：68000 系列、8051 系列、ARM 系列、AVR 系列、PIC10 系列、PIC12 系列、PIC16 系列、PIC18 系列、PIC24 系列、DSPIC33 系列、MPS430 系列、HC11 系列、Z80 系列以及各种外围芯片。

三、软件安装

1. 在 Proteus 官网下载软件，然后将该软件包解压，本教材使用软件版本 7.8。
2. 在电脑新建安装软件文件夹，注意文件夹名字不要包含汉字。
3. 点击 P7.8sp2 Setup.exe 图标开始安装。
4. 弹出安装开始界面，如图 2.1 所示 ，点击“Next”。

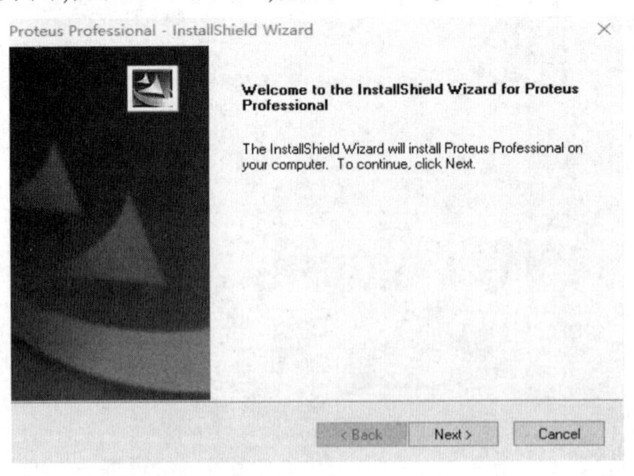

图 2.1　Proteus 软件安装开始界面

5. 弹出操作界面，如图 2.2 所示，点击“Yes”。

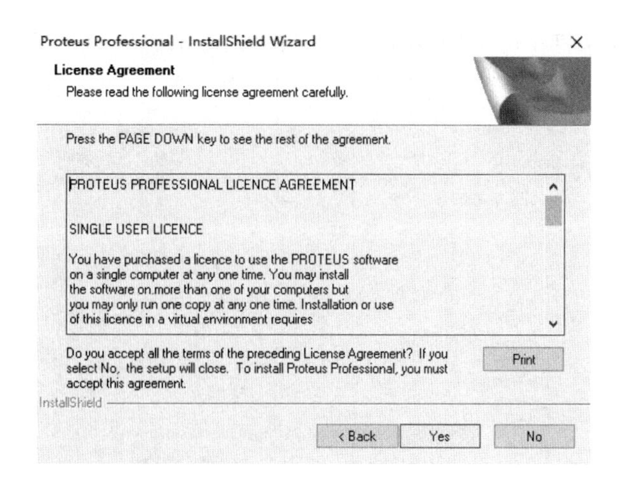

图 2.2　许可证允许界面

6. 弹出许可证类型选择界面，如图 2.3 所示，选择“Use a locally installed Licence Key”，然后点击“Next”。

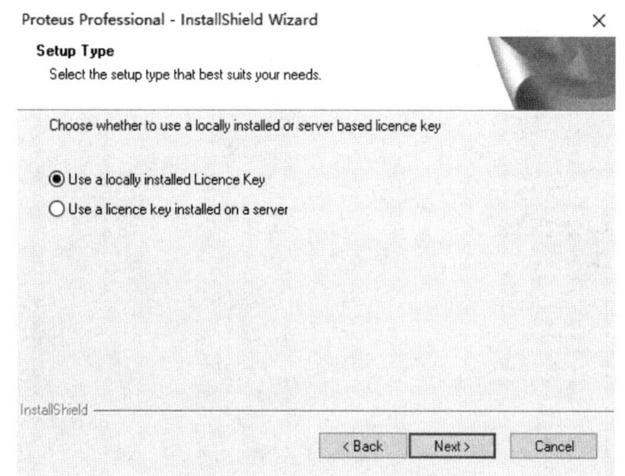

图 2.3　许可证类型选择界面

7. 弹出操作界面，如图 2.4 所示，继续点击“Next”。

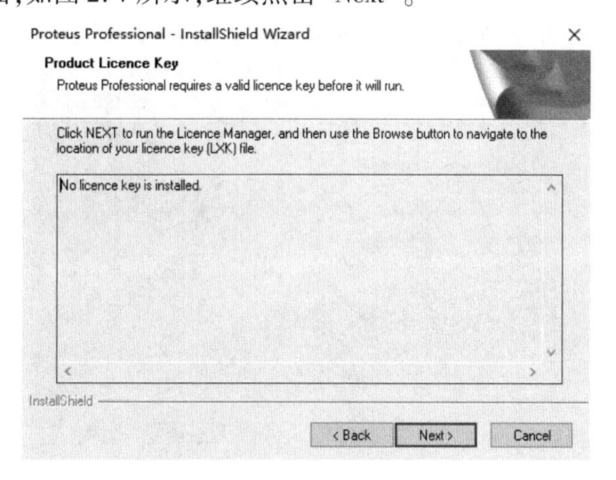

图 2.4　Product Licence Key 界面

8. 找到软件解压文件中的 LICENCE. lxk 文件，点击“打开”，如图 2.5 所示。

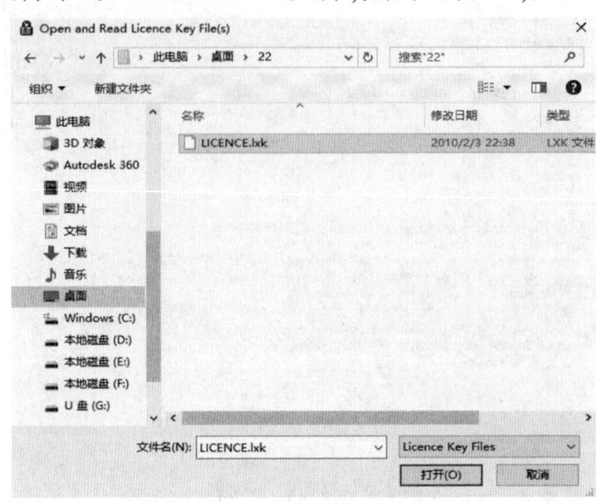

图 2.5　寻找 LICENCE. lxk 文件界面

9. 弹出操作界面如图 2.6 所示，点击 Install 安装，然后弹出界面，选择“YES”。

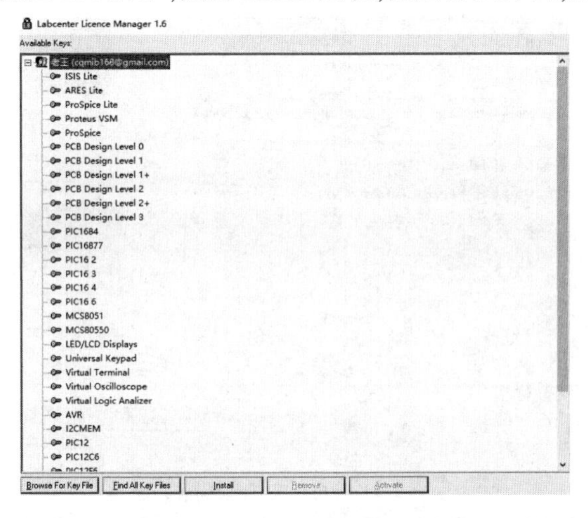

图 2.6　LICENCE 安装界面

10. LICENCE 安装完毕界面如图 2.7 所示，点击“Next”。

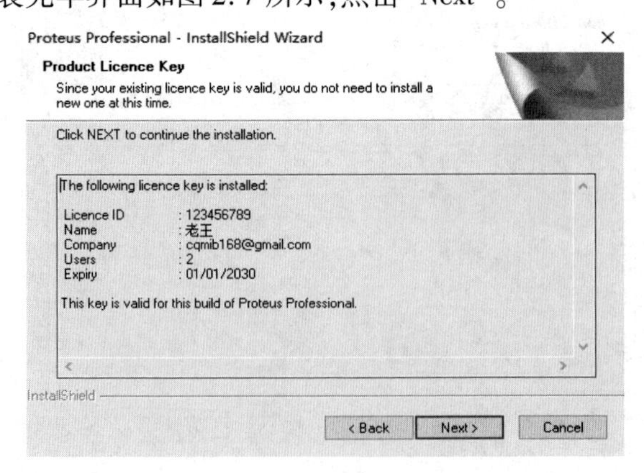

图 2.7　LICENCE 安装完毕界面

11. 后面操作界面都点击“Next”，直到出现安装完毕界面(图 2.8)，点击“Finish”。

12. 软件破解升级界面如图 2.9 所示。目标文件夹路径选择安装文件夹路径，默认情况下不用改路径，然后点击“升级”。

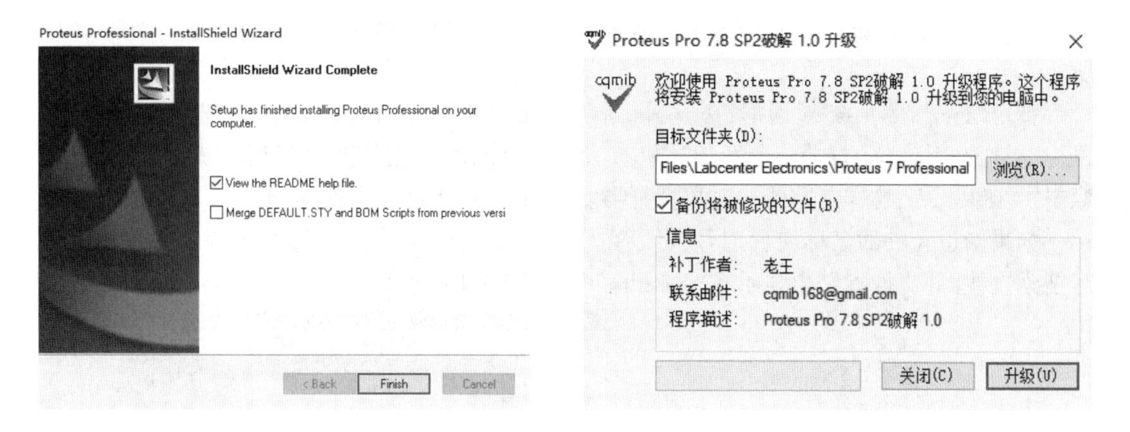

图 2.8　软件安装完毕界面　　　　图 2.9　软件破解升级界面

四、项目建立

Proteus ISIS 的工作界面是一种标准的 Windows 界面，如图 2.10 所示。包括：标题栏、主菜单、标准工具栏、绘图工具栏、状态栏、对象选择按钮、预览对象方位控制按钮、仿真进程控制按钮、预览窗口、对象选择器窗口、图形编辑窗口。

对初次接触 Proteus 软件的人来说，如果一开始就单独介绍 Proteus 的各项功能的详细使用，让大家看得晕头转向，这未免太枯燥无味了。本书将通过项目实践的方式带领大家认识和了解 Proteus，并掌握 Proteus 的使用。设计一个简单的单片机电路，如图 2.11所示。

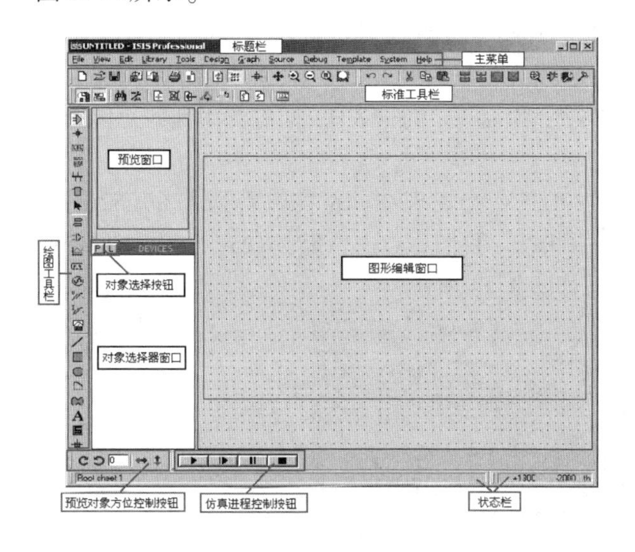

图 2.10　Proteus ISIS 的工作界面

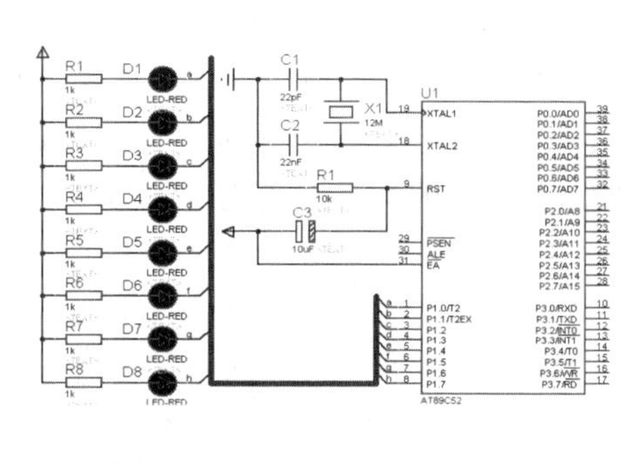

图 2.11　电路图

电路的核心是单片机 AT89C52,晶振 X1 和电容 C1、C2 构成单片机时钟电路,单片机的 P1 口接 8 个发光二极管,二极管的阳极通过限流电阻接到电源的正极。

1.电路绘制

(1)将需要用到的元器件加载到对象选择器窗口。单击对象选择器按钮[P],如图 2.12 所示。

弹出“Pick Devices”对话框,在“Category”下面找到“Mircoprocessor ICs”选项,点击一下鼠标左键,在对话框的右侧,会发现这里有大量常见的各种型号的单片机。找到 AT89C52,双击“AT89C52”,这样在左侧的对象选择器就有 AT89C52 这个元件了。

如果知道元件的名称或者型号,可以在“Keywords”中输入 AT89C52,系统在对象库中进行搜索查找,并将搜索结果显示在“Results”中,如图 2.13 所示。

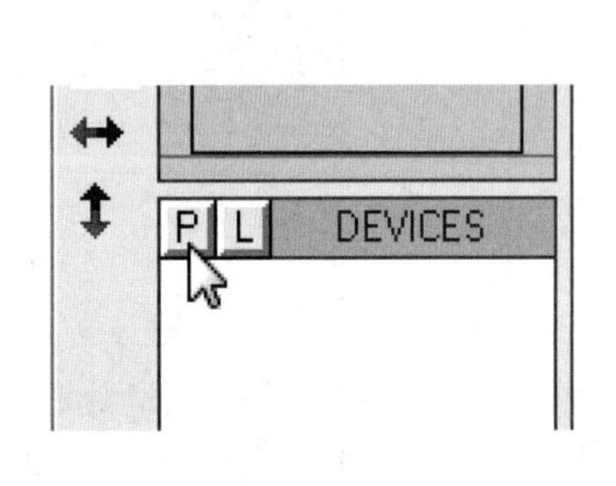

图 2.12　对象选择器按钮

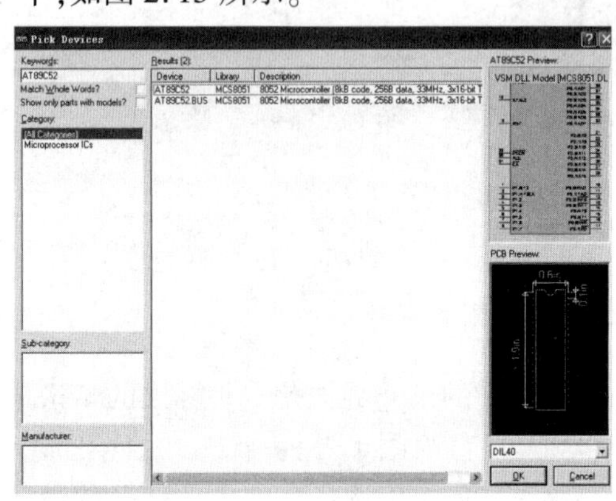

图 2.13　元器件选择图

在“Results”的列表中,双击“AT89C52”即可将 AT89C52 加载到对象选择器窗口内。接着在“Keywords”中输入 CRY,在“Results”的列表中,双击“CRYSTAL”将晶振加载到对象选择器窗口内。

经过前面的操作,已经将 AT98C52、晶振加载到了对象选择器窗口内,现在还缺少 CAP(电容)、CAP POL(极性电容)、LED-RED(红色发光二极管)、RES(电阻),只要依次在“Keywords”中输入 CAP、CAP POL、LED-RED、RES,在“Results”的列表中,把需要用到的元件加载到对象选择器窗口内即可。

在对象选择器窗口内鼠标左键点击“AT89C52”,会发现在预览窗口看到 AT89C52 的实物图,且绘图工具栏中的元器件按钮处于选中状态。我们再点击“CRYSTAL”“LED-RED”也能看到对应的实物图,按钮也处于选中状态,如图 2.14 所示。

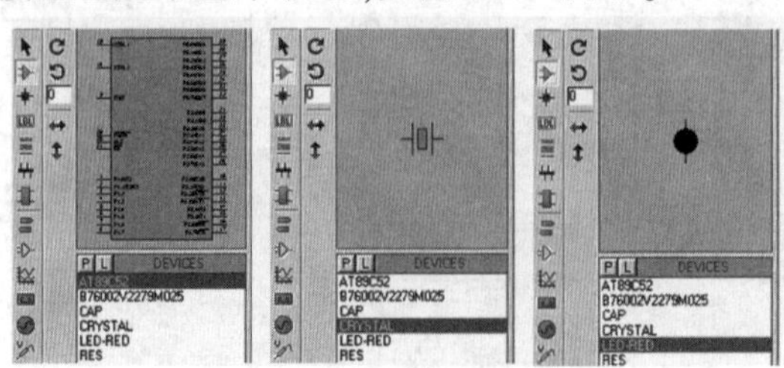

图 2.14　元件实物图

(2)将元器件放置到图形编辑窗口。

在对象选择器窗口内,选中 AT89C52,如果元器件的方向不符合要求,可使用预览对象方向控制按钮进行操作。如用按钮对元器件进行顺时针旋转,用按钮对元器件进行逆时针旋转,用按钮对元器件进行左右反转,用按钮对元器件进行上下反转。元器件方向符合要求后,将鼠标置于图形编辑窗口元器件需要放置的位置,单击鼠标左键,出现紫红色的元器件轮廓符号(此时还可对元器件的放置位置进行调整)。再单击鼠标左键,元器件被完全放置(放置元器件后,如还需调整方向,可使用鼠标左键,单击需要调整的元器件,再单击鼠标右键菜单进行调整)。同理,将晶振、电容、电阻、发光二极管放置到图形编辑窗口,如图 2.15 所示。

图中,我们已将元器件编好了号,并修改了参数。修改的方法是:在图形编辑窗口中,双击元器件,在弹出的"Edit Component"对话框中进行修改。现在以电阻为例进行说明,如图 2.16 所示。

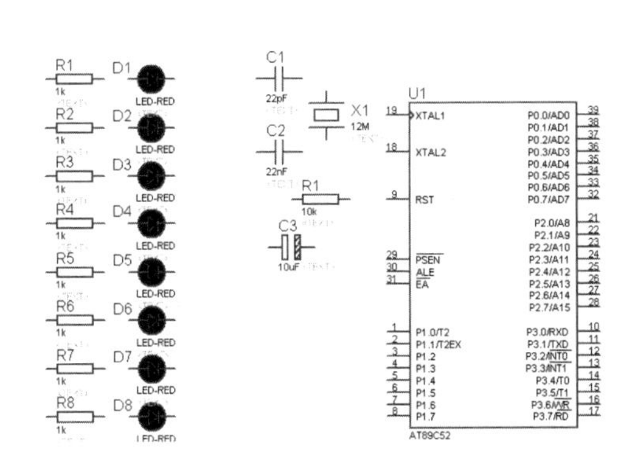

图 2.15 放置图形图

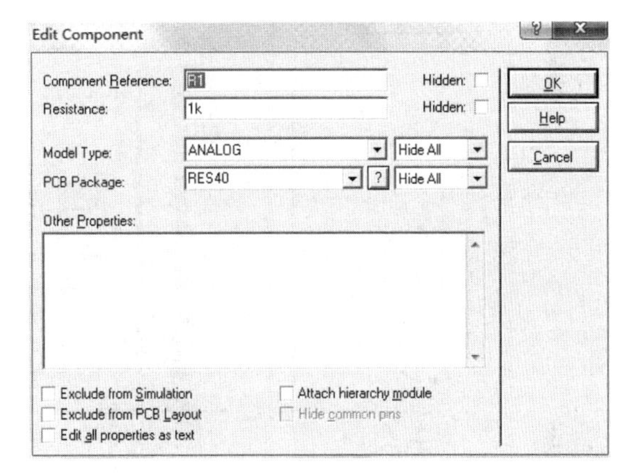

图 2.16 元件参数修改图

把"Component Reference"中的 R? 改为 R1,把"Resistance"中的 10k 改为 1k。修改好后点击"OK"按钮,这时编辑窗口就有了一个编号为 R1、阻值为 1k 的电阻了。大家只需重复以上步骤就可对其他元器的参数件进行操作了,只是大同小异罢了。

(3)元器件与元器件的电气连接。

Proteus 具有自动线路功能(Wire Auto Router),当鼠标移动至连接点时,鼠标指针处出现一个虚线框,如图 2.17 所示。

单击鼠标左键,移动鼠标至 LED-RED 的阳极,出现虚线框时,单击鼠标左键完成连线,如图 2.17 所示。

同理,我们可以完成其他连线。在此过程中,我们都可以按下 ESC 键或者单击鼠标右键放弃连线。

(4)放置电源端子。

单击绘图工具栏的按钮,使之处于选中状态。点击选中"POWER",放置两个电源端子;点击选中"GROUND",放置一个接地端子。放置好后完成连线,如图 2.18 所示。

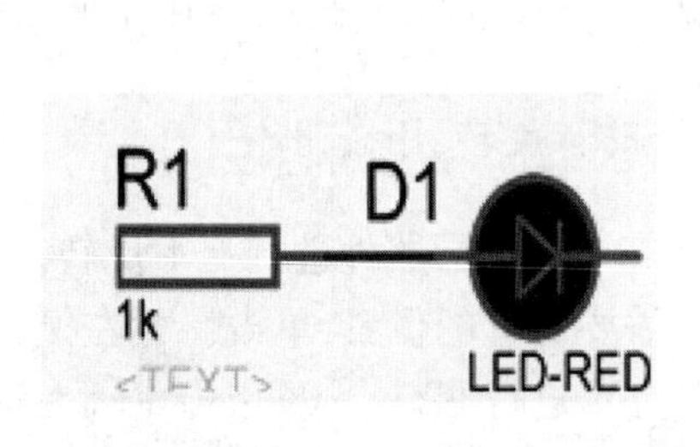

图 2.17　电气连接图

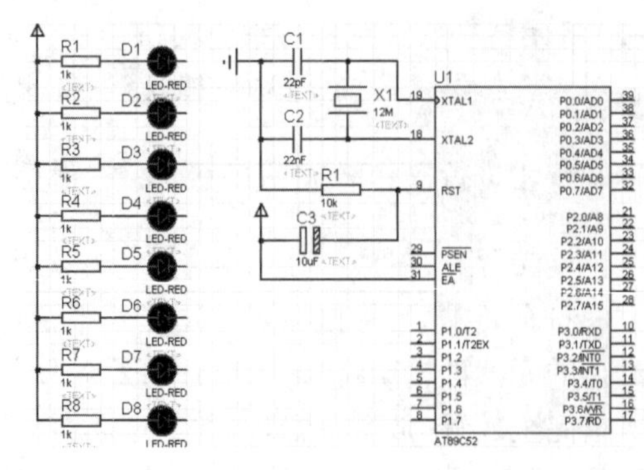

图 2.18　放置电源端子图

(5)在编辑窗口绘制总线。

单击绘图工具栏的按钮 ,使之处于选中状态。将鼠标置于图形编辑窗口,单击鼠标左键,确定总线的起始位置;移动鼠标,屏幕上出现一条蓝色的粗线,选择总线的终点位置,双击鼠标左键,这样一条总线就绘制好了,如图 2.19 所示。

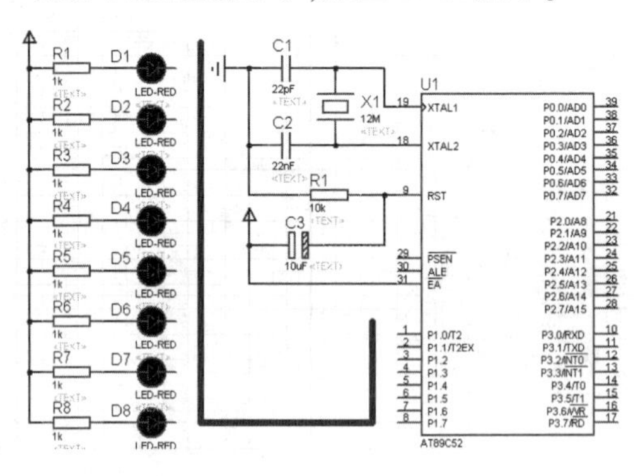

图 2.19　绘制总线图

(6)元器件与总线的连线。

绘制与总线连接导线时,为了和一般的导线区分,我们一般习惯画斜线来表示分支线。此时我们需要自己决定走线路径,只需在想要拐点处单击鼠标左键即可。在绘制斜线时我们需要关闭自动线路功能(Wire Auto Router),可通过使用工具栏里的 WAR 命令按钮 关闭。绘制完后的效果如图 2.20 所示。

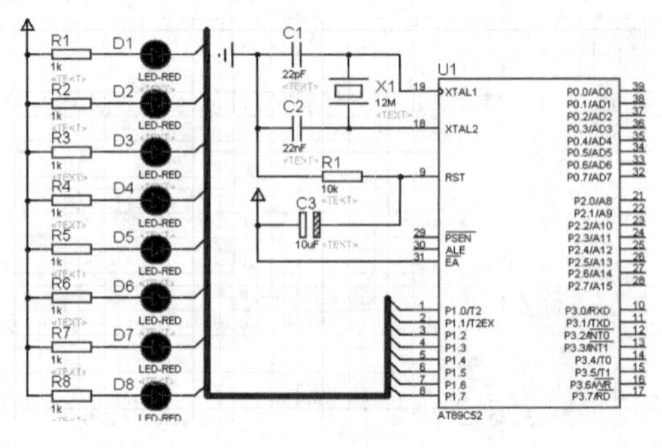

图 2.20　绘制连线图

(7)放置网络标号。

单击绘图工具栏的网络标号按钮使之处于选中状态。将鼠标置于欲放置网络标号的导线上,这时会出现一个“ ×”,表明该导线可以放置网络标号。单击鼠标左键,弹出“Edit Wire Label”对话框,在“String”中输入网络标号名称(如 a),单击“OK”按钮,完成该导线的网络标号的放置。同理,可以放置其他导线的标号。如图 2.21 所示。

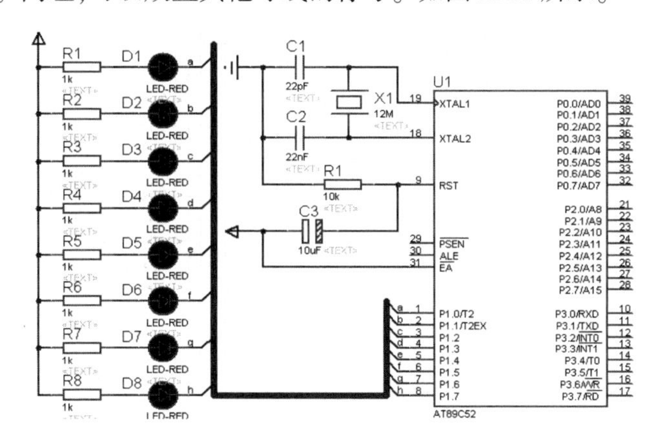

图 2.21 放置标号图

2. 电路调试

本项目设计一个单片机控制的跑马流水灯,汇编源代码参考程序如下:

```
ORG 0
START：CLR P1.0            //置零
LCALL DELAY                //调用延时子程序
SETB P1.0                  //置一
CLR P1.1                   //置零
LCALL DELAY                //调用延时子程序
SETB P1.1                  //置一
CLR P1.2                   //置零
LCALL DELAY                //调用延时子程序
SETB P1.2                  //置一
CLR P1.3                   //置零
LCALL DELAY                //调用延时子程序
SETB P1.3                  //置一
CLR P1.4                   //置零
LCALL DELAY                //调用延时子程序
SETB P1.4                  //置一
CLR P1.5                   //置零
LCALL DELAY                //调用延时子程序
SETB P1.5                  //置一
```

```
CLR P1.6                    //置零
LCALL DELAY                 //调用延时子程序
SETB P1.6                   //置一
CLR P1.7                    //置零
LCALL DELAY                 //调用延时子程序
SETB P1.7                   //置一
LCALL DELAY                 //调用延时子程序
LJMP START
DELAY：MOV R5,#20           //延时子程序,延时 0.2 秒
D1：MOV R6,#20
D2：MOV R7,#248
DJNZ R7, $                  //执行 1 次,R7 减 1,R7 不等于 0,跳转
DJNZ R6,D2
DJNZ R5,D1
RET
END
```

电路调试步骤：

(1)参考实验一的方法,利用 Keil 软件将上述汇编代码生成 HEX 文件。

(2)在 Proteus 软件里面,双击单片机 AT89C52,弹出如图 2.22 所示操作界面,在“Program File”选择“HEX”文件,然后点击“OK”按钮。

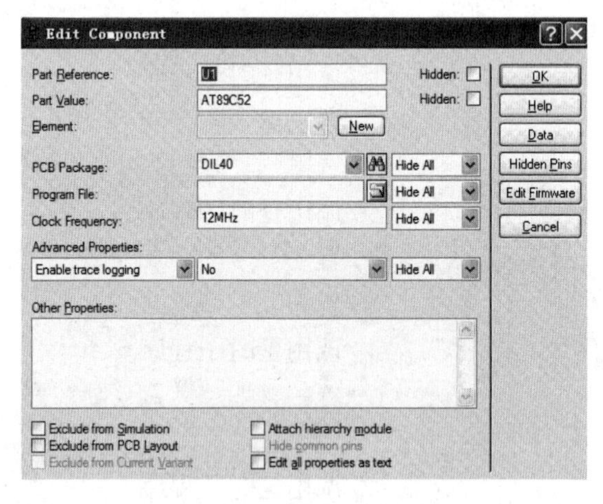

图 2.22　加载 HEX 文件图

(3)点击调试控制按钮的运行按钮,进入调试状态,这时能清楚地看到每一个引脚电平的变化。红色代表高电平,蓝色代表低电平。

五、实验任务

任务 1　如图 2.23 所示,在 P1.0 端口上接一个发光二极管 D1,使 D1 在不停地一亮一灭,一亮一灭的时间间隔为 0.2s。

任务 2 如图 2.24 所示,监视开关 K1(接在 P3.0 端口上),用发光二极管 D1(接在单片机 P1.0 端口上)显示开关状态,如果开关合上,D1 亮,开关打开,D1 熄灭。

任务 3 如图 2.25 所示,AT89C51 单片机的 P1.0 ~ P1.3 接四个发光二极管 D1 ~ D4,P1.4 ~ P1.7 接了四个开关 K1 ~ K4,编程将开关的状态反映到发光二极管上(开关闭合,对应的灯亮,开关断开,对应的灯灭)。

实验任务过程中需要用到的元件型号见表 2.1。

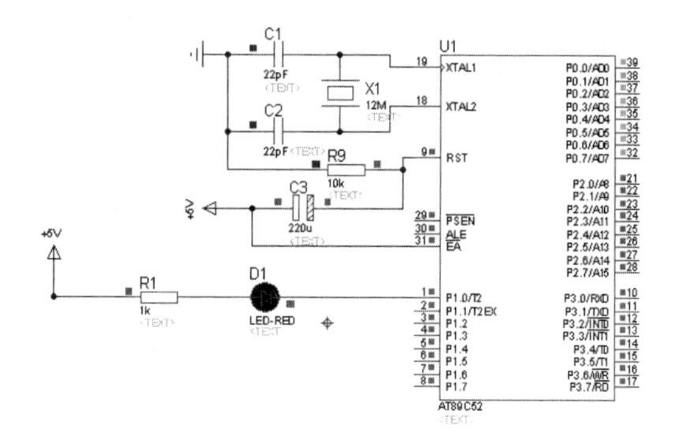

图 2.23 任务 1 原理图

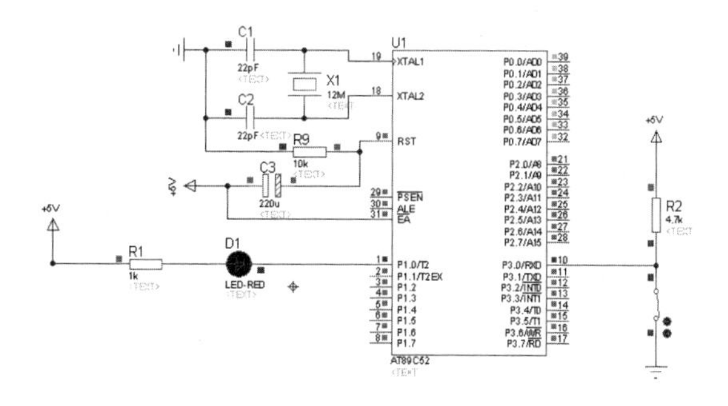

图 2.24 任务 2 原理图

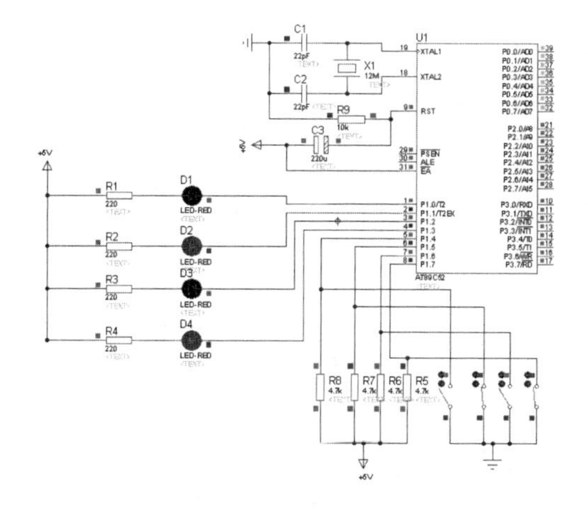

图 2.25 任务 3 原理图

元件型号表 表2.1

名称	所在库名称	元件名
51单片机	Mircoprocessor ICs	AT89C52
电阻	Resistors	RES
排阻	Resistors	RESPACK
电容	Capacitors	CAP
晶振	Miscellaneous	CRYSTAL

任务1　源代码：

```
#include <reg52.h>                        //包含文件
sbit led = P1^0;                          //宏定义位 P1.0
void delay( )                             //定义延迟函数,延迟0.2s
{
    unsigned char a,b,c;
    for(c =4;c >0;c--)
        for(b =116;b >0;b--)
            for(a =214;a >0;a--);
}
void main(void)                           //主函数
{
    while(1)
    {
led = 0;                                  //将灯点亮
delay( );                                 //调用延迟函数,延迟0.2秒
led = 1;                                  //将灯熄灭
delay( );                                 //调用延迟函数,延迟0.2秒
}
}
```

任务2　源代码：

```
#include <reg52.h>                        //包含文件
sbit led = P1^0;                          //宏定义位 P1.0
sbit key = P3^0;                          //宏定义位 P3.0
void main(void)                           //主函数
{
while(1)
{
if(key = = 0)                             //判断按键是否按下
led = 0;                                  //如果按下,将灯点亮
```

```
else                                     //否则
led = 1;                                 //将灯熄灭
}
}
```

任务3　源代码：

```
#include <reg52.h>                       //包含文件
sbit led1 = P1^0;                        //宏定义位 P1.0
sbit key1 = P1^4;                        //宏定义位 P1.4
sbit led2 = P1^1;                        //宏定义位 P1.1
sbit key2 = P1^5;                        //宏定义位 P1.5
sbit led3 = P1^2;                        //宏定义位 P1.2
sbit key3 = P1^6;                        //宏定义位 P1.6
sbit led4 = P1^3;                        //宏定义位 P1.3
sbit key4 = P1^7;                        //宏定义位 P1.7
void main(void)                          //主函数
{
while(1)
{
if(key1 == 0)                            //判断开关 K1 是否按下
led1 = 0;                                //如果按下,D1 点亮
else                                     //否则
led1 = 1;                                //D1 熄灭
    if(key2 == 0)                        //判断开关 K2 是否按下
led2 = 0;                                //如果按下,D2 点亮
else                                     //否则
led2 = 1;                                //D2 熄灭
led3 = 0;                                //如果按下,D3 点亮
else                                     //否则
led3 = 1;                                //D3 熄灭
if(key4 == 0)                            //判断开关 K4 是否按下
led4 = 0;                                //如果按下,D4 点亮
else                                     //否则
led4 = 1;                                //D4 熄灭
}
}
    if(key3 == 0)                        //判断开关 K3 是否按下
```

六、实验要求

1. 用 Proteus 软件绘制任务 1 ~ 3 电路图。

2. 使用 Keil 软件编写代码,并生成 HEX 文件。
3. 在 Proteus 软件中进行仿真调试。

七、实验思考

1. Proteus 软件实现电路仿真流程是怎样的?
2. Proteus 软件和 Keil 软件是否可以关联一起调试代码?
3. Proteus 软件中虚拟测试元器件如何使用?

实验三　P1 口亮灯实验

一、实验目的

1. 熟悉单片机控制开发流程。
2. 熟悉单片机硬件接口。
3. 熟悉单片机常用汇编指令。

二、实验原理

通过实验开发板平台上 51 单片机来控制 8 个二极管，当给二极管阴极为低电平时二极管亮，当给二极管阴极为高电平时二极管熄灭。实验原理图如图 3.1 所示。

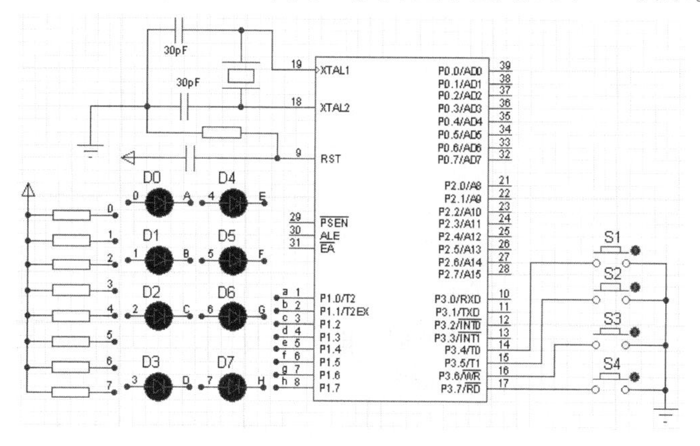

图 3.1　实验原理图

三、实验任务

任务 1　在 P1.0 端口上接一个发光二极管 D0，编写程序控制 D0。

任务 2　在 P1.0 端口上接一个发光二极管 D0，使 D0 在不停地一亮一灭，一亮一灭的时间间隔为 0.2s。

任务 3　在 P1.3 端口上接一个发光二极管 D3，使 D3 在不停地一亮一灭，一亮一灭的时间间隔为 0.1s（自己编写程序）。

任务 4　监视开关 S1（接在 P3.4 端口上），用发光二极管 D3（接在单片机 P1.3 端口上）显示开关状态，如果开关合上，D3 亮，开关打开，D3 熄灭。

任务 5　监视开关 S1、S2、S3、S4（接在 P3.4、P3.5、P3.6、P3.7 端口上），用发光二极管 D4、D5、D6、D7（接在单片机 P1.4 ~ P1.7 端口上）显示开关状态，S1-S4 分别控制 D4 ~ D7 的开关（开关闭合，对应的灯亮，开关断开，对应的灯灭）。（自己编写程序。）

四、案例分析

本教材主要针对单片机微型计算机初学者使用,因此实验案例分析重点讲解汇编程序,同时也附带C语言程序。案例分析首先给出任务参考代码,然后分析任务需要涉及的电路硬件知识和指令代码。

任务1　　汇编参考程序

```
ORG 0
START: CLR P1.0            //置零
LJMP START
END
```

任务1　　C语言参考程序

```
#include <reg52.h>
sbit L1 =P1^0;
void main(void)
{
while(1)
{
L1 =0;
}
}
```

任务1　　知识点链接

1.电路硬件相关知识

P0口在不扩展I/O口和片外存储器时,作I/O口使用;在有扩展I/O口和片外存储器时,分时做8位数据线和地址总线低8位。

P1口是C51单片机唯一的专用I/O口线,在简单控制系统中,经常用它来控制外围设备。

P2口在系统进行存储器扩展时,做地址总线高8位,如果存储器扩展不需要16位地址总线,则省下的P2口可做普通I/O口线。

P3口除了做普通I/O口线外,每个引脚还有第二功能。

2.指令代码相关知识

(1)清零指令。

```
CLR   A                ;累加器A清零
CLR   C                ;进位标志位清零
CLR   bit              ;直接寻址位清零
```

(2)跳转指令。

```
LJMP   addr16          ;长转移
AJMP   addrll          ;短转移
SJMP    rel            ;相对转移
```

```
JMP    @A+DPTR              ;相对 DPTR 的间接转移
```

任务2　汇编参考程序

```
ORG 0
START：CLR P1.0             ;置零
LCALL DELAY                 ;调用延时子程序
SETB P1.0                   ;置一
LCALL DELAY                 ;调用延时子程序
LJMP START                  ;跳转到开始
DELAY：MOV R5,#20           ;延时子程序,延时 0.2 秒
D1：MOV R6,#20
D2：MOV R7,#248
DJNZ R7, $                  ;执行 1 次,R7 减 1,R7 不等于 0,跳转
DJNZ R6,D2
DJNZ R5,D1
RET
END
```

任务2　C语言参考程序

```
#include <reg52.h>
sbit L1 =P1^0;
void delay02s(void)         //延时 0.2 秒子程序
{
unsigned char i,j,k;
for(i=20;i>0;i--)
for(j=20;j>0;j--)
for(k=248;k>0;k--);
}
void main(void)
{
while(1)
{
L1 =0;
delay02s();
L1 =1;
delay02s();
}
}
```

任务2　知识点链接

指令代码相关知识

(1)置 1 指令。

```
SETB  C                    ;进位标志位置 1
SETB  bit                  ;直接寻址位置 1
```

(2)子程序调用指令。

```
ACALLaddrll                ;绝对调用子程序
LCALL  addr16              ;长调用子程序
RET                        ;子程序返回
```

(3)减 1 条件转移指令。

```
DJNZ  Rn,rel               ;寄存器减一,不为零则转移
DJNZ  direct,rel           ;地址字节减一,不为零则转移
```

(4)延时程序的设计方法。

作为单片机的指令的执行的时间是很短,数量大微秒级,因此,我们要求的闪烁时间间隔为 0.2s,相对于微秒来说,相差太大,所以我们在执行某一指令时,插入延时程序,来达到我们的要求,但这样的延时程序是如何设计呢?下面具体介绍其原理:石英晶体为 12MHz,因此,1 个机器周期为 1μs。

```
MOV R6,#20            2 个机器周期    2μs
D1:MOV R7,#248        2 个机器周期    2μs
DJNZ R7, $            2 个机器周期    2 ×248 =496μs
DJNZ R6,D1            2 个机器周期    20 ×(2 +496 +2) =10000μs
```

因此,上面的延时程序时间为 10.00ms。

由以上可知,当 R6 = 10、R7 = 248 时,延时 5ms,R6 = 20、R7 = 248 时,延时 10ms,以此为基本的计时单位。如本实验要求 0.2s = 200ms,10ms × R5 = 200ms,则 R5 = 20,延时子程序如下:

```
DELAY:MOV R5,#20
D1:MOV R6,#20
D2:MOV R7,#248
DJNZ R7, $
DJNZ R6,D2
DJNZ R5,D1
RET
```

任务 4　汇编参考程序

```
ORG 00H
START:JB P3.4,LIG          ;按键未按下,跳转到 LIG
CLR P1.3                   ;按键按下,二极管亮
SJMP START                 ;跳回到 START,继续检测按键状态
LIG:SETB P1.3              ;按键未按下,二极管灭
SJMP START                 ;跳回到 START,继续检测按键状态
END
```

任务4　　C语言参考程序

```
#include <reg52.h>
sbit  S1 =P3^4;
sbit  L1 =P1^3;
void main(void)
{
    while(1)
    {
    if(S1 = =0)
    {
    L1 =0; //灯亮
    }
    else
    {
    L1 =1; //灯灭
    }
    }
    }
```

任务4　　知识点链接

1. 电路硬件相关知识

如图3.2所示，当开关S1未按下去时，P3.4为高电平，当开关S1按下去时，P3.4为低电平，因此要判断开关S1状态，就只需要判断P3.4的高低电平即可。

2. 指令代码相关知识

(1)跳转指令。

JB　　bit,rel　　　　;直接寻址位为1，则转移

JNB　　bit,rel　　　　;直接寻址位为0，则转移

(2)单片机对开关状态检测。

单片机对开关状态的检测相对于单片机来说，是从单片机的P3.4端口输入信号，而输入的信号只有高电平和低电平两种，当拨开开关S1拨上去，即输入高电平，相当于开关断开，当拨动开关S1拨下去，即输入低电平，相当于开关闭合。单片机可以采用JB bit,rel或者JNB bit,rel指令来完成对开关状态的检测即可。

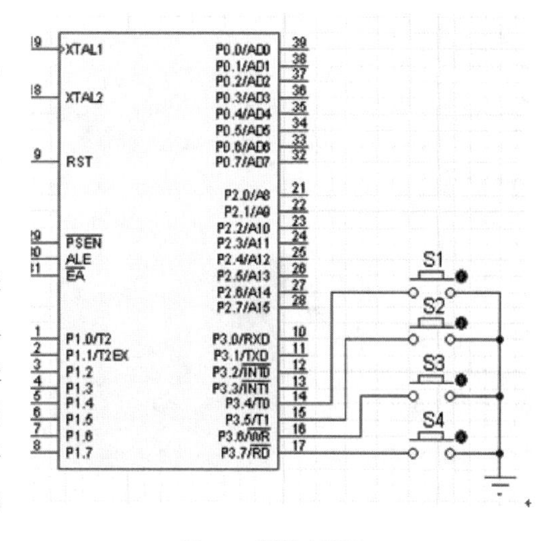

图3.2　硬件电路图

五、实验步骤

1. 在Keil软件中编写调试代码并生成HEX文件，可以参考实验一进行。

2. 下载HEX文件到51单片机。

第1步:把开发板电源线、数据线连接到电脑端。

第2步:运行桌面上 stc-isp-15xx-v6.85H 软件。

第3步:在下载软件窗口选择单片机型号。

第4步:串口号, 选择 USB 转串口。

第5步:打开程序文件,找到 Keil 软件生成的 HEX 文件。

第6步:点击下载按钮。点击下载按钮之前,单片机不要通电,点击完下载按钮之后,轻轻按住复位按钮,等待程序烧录结束后,手再放开复位按钮。

3. 观察实验结果,调试代码。

六、实验要求

1. 认真阅读实验案例分析和实验步骤。
2. 完成实验任务 1 ~5 代码编写、调试,并下载到实验平台上,拍照保存实验结果。
3. 撰写实验报告,并画出实验任务 1 ~5 流程图。

七、实验思考

1. 延时程序如何撰写?
2. 单片机怎么检测开关状态?
3. 汇编程序如何写子程序? 如何调用子程序?

实验四　数码管显示实验

一、实验目的

1. 掌握数码管显示原理。
2. 编程实现数码管的动态、静态显示。

二、实验原理

1. 数码管显示原理

数码管显示原理都是一样，通过点亮内部发光二极管来发光，数码管如图4.1所示。从内部结构分为共阴极和共阴极两种数码管。共阴极数码管内部原理图如图4.2所示，共阳极数码管内部原理图如图4.3所示。

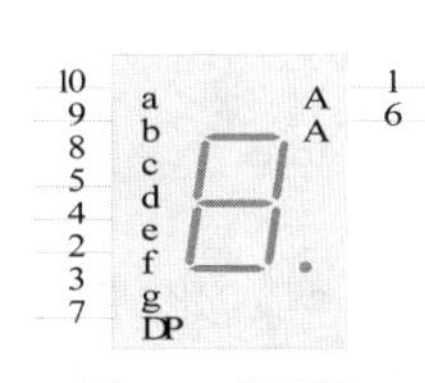

图4.1　数码管

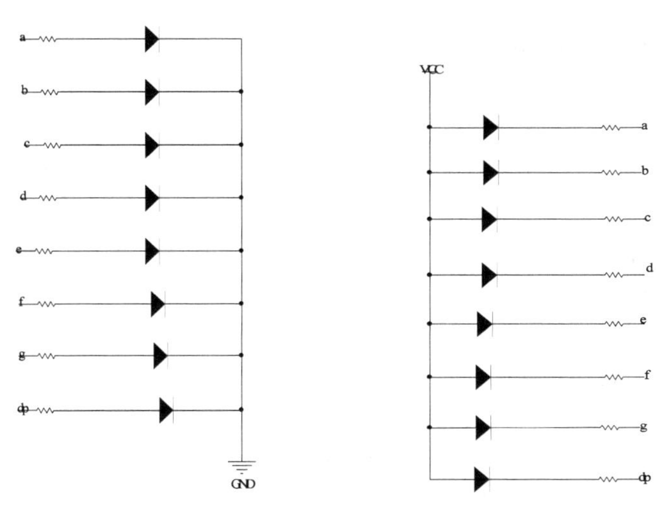

图4.2　共阴极数码管内部原理图　　　　图4.3　共阳极数码管内部原理图

共阴极数码管，其中8个发光二极管的阴极在数码管内部全部连在一起，而它们的阳极是独立的，通常在设计电路时，一般把共阴极接地。当给数码管任何一个阳极加高电平时，对应的这个发光二极管就点亮了。

共阳极数码管，其中8个发光二极管的阳极在数码管内部全部连在一起，而它们的阴极是独立的，通常在设计电路时，一般将共阳极接电源VCC。当给数码管任何一个阴极加低电平时，对应的发光二极管就点亮了。

2. 实验电路图原理

本实验原理图如图4.4所示。

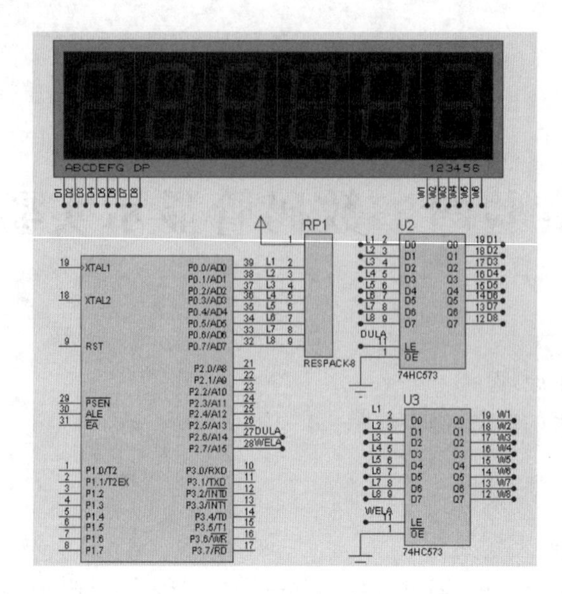

图4.4　实验原理图

在原理图上标号相同的节点,在实际的电路中是物理电气相连的。本实验平台采用共阴极数码管,一共有6个数码管。6个数码管的阳极,即标有A、B、C、D、E、F、G、DP的引脚全部连接在一起,然后与下面U2元件74HC573锁存器的输出端连接在一起,U2锁存器的输入端连接到单片机P0口,P0口同时加了上拉电阻。这部分决定了数码显示什么样的数字,被称为“段选”。6个数码管的阴极,分别是标有1、2、3、4、5、6的引脚,然后与下面U3元件74HC573锁存器的输出端连接在一起,U3锁存器的输入端连接到单片机P0口,P0口同时加了上拉电阻。这部分决定了6个数码管哪一个数码管显示,被称为“位选”。如果让第一个数码管显示,就给“1”号引脚值低电平;如果不让第一个数码管显示,就给“1”号引脚值高电平。用单片机编程实现数码管显示,主要完成两个任务:第一,选择哪一个数码管显示,即位选;第二,让数码管显示什么数字,即段选。

数码管静态显示:由于6个数码管的“段选”均连接在一起,因此每个数码管显示的数字是一样的,这样的显示称为数码管静态显示。

数码管动态显示:轮流向各位数码管送出段选和相应的位选,利用发光管的余光和人眼视觉暂留作用,使人感觉好像各位数码管同时显示,而实际上是多位数码管一位一位轮流显示的,只是轮流的速度非常快,人眼已经无法分辨出来。

三、实验任务

任务1　查看原理图,6个数码管同时循环显示数字0~9,时间间隔0.2s。

任务2　编写程序使右边第一个数码管显示6(自己编写代码)。

任务3　查看原理图,用右边两个数码管显示自己学号最后两位(自己编写代码)。

四、案例分析

任务1　汇编参考程序

```
ORG 0
```

```
START:CLR P2.7                          ;关闭数码管位选
CLR P2.6                                ;关闭数码管段选
MOV A,#00H
MOV P0,A                                ;数码管位选值(六个数码管同时显示)
SETB P2.7                               ;开启数码管位选
CLR P2.7                                ;关闭数码管位选
MOV R1,#00H
NEXT:MOV A,R1
MOV DPTR,#TABLE                         ;把 TABLE 首地址赋值给数据指针
MOVC A,@A+DPTR                          ;把 A+DPTR 地址中的内容传给累加器 A
MOV P0,A                                ;数码管段选赋值
SETB P2.6                               ;开启数码管段选
CLR P2.6                                ;关闭数码管段选
LCALL DELAY                             ;调用延时程序,让数码管显示间隔 200ms
INC R1                                  ;R1 加 1
CJNE R1,#10,NEXT                        ;R1 和 10 作比较,如果不等于 10,跳转到
NEXT
LJMP START                              ;跳转到 START
DELAY:MOV R5,#20                        ;延时子程序(200ms)
D2:MOV R6,#20
D1:MOV R7,#248
DJNZ R7, $
DJNZ R6,D1
DJNZ R5,D2
RET
TABLE:DB 3FH,06H,5BH,4FH,66H,6DH,7DH,07H,7FH,6FH ;共阴极数码管 0-9
编码
END
```

任务 1　　C 语言参考程序

```
#include <reg52.h>
#define uint unsigned int
#define uchar unsigned char
sbit dula = P2^6;
sbit wela = P2^7;
uchar num;
uchar code table[ ] = {
0x3f,0x06,0x5b,0x4f,
0x66,0x6d,0x7d,0x07,
```

```
0x7f,0x6f,0x77,0x7c,
0x39,0x5e,0x79,0x71};
void delay(uint z);
void main( )
{
    wela =1;//11101010
    P0 =0x00;
    wela =0;
    while(1)
    {
        for(num =0;num <10;num + +)
        {
            dula =1;
            P0 =table[num];
            dula =0;
            delay(1000);
        }
    }
}

void delay(uint z)
{
    uint x,y;
    for(x =z;x >0;x--)
        for(y =110;y >0;y--);
}
```

知识点链接

1. 电路硬件相关知识

锁存器如图 4.5 所示。74HC573 锁存器是一种数字芯片,实验过程中只需要了解该芯片的引脚和逻辑功能即可。74HC573 锁存器的主用功能是:①提高驱动能力,数码管内部发光二极管点亮时,需要 5mA 以上的电流,74HC573 锁存器,其输出电流大,电路接口简单。②隔离作用,数码管“位选”和“段选”通过 74HC573 锁存器与单片机 P0 连接。当“位选”锁存器关闭时,无论单片机 P0 口值如何变化,数码管的“位选”均不变。同理,当“段选”锁存器关闭时,无论单片机 P0 口值如何变化,数码管的“段选”均

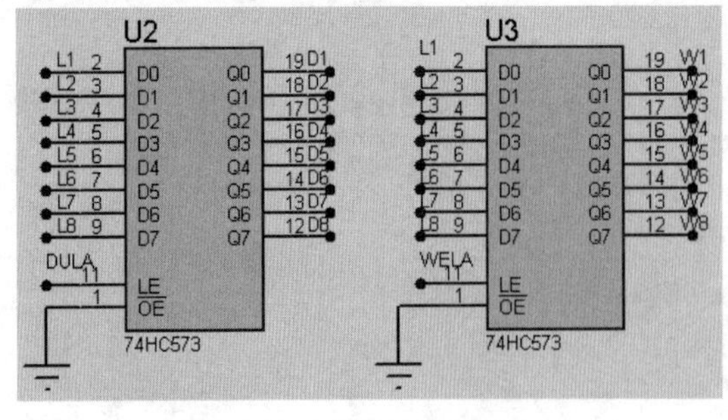

图 4.5　74HC573 锁存器接线图

不变。

74HC573 锁存器引脚功能：D0～D7 为数据输入端；Q0～Q7 为数据输出端；LE 为锁存控制端，高电平有效；#OE 为锁存器输出使能端，低电平有效。

74HC573 锁存器引脚接线：本实验平台采用两片 U2 和 U3 两片锁存器，U2 锁存器用于保存数码管"段选"信号，U3 锁存器用于保存数码管"位选"信号。#OE 为锁存器输出使能端接地，低电平有效。这两片锁存器的输入端 D0～D7 均连接到单片机的 P0 口。U2 锁存器的输出端 Q0～Q7 连接到数码管的"段选"引脚；U3 锁存器的输出端 Q0～Q7 连接到数码管的"位选"引脚。U2 锁存器控制端 LE 连接到单片机 P2.6，当 P2.6 为高电平时，打开 U2 锁存器；当 P2.6 为低电平时，关闭 U2 锁存器。U3 锁存器控制端 LE 连接到单片机 P2.7，当 P2.7 为高电平时，打开 U3 锁存器；当 P2.7 为低电平时，关闭 U3 锁存器。

2. 指令代码相关知识

(1)数据指针 DPTR。

数据指针 DPTR 是一个 16 位的寄存器，实际是由两个 8 位的寄存器 DPH 和 DPL 拼成。其中 DPH 为 DPTR 的高 8 位，DPL 为 DPTR 的低 8 位。DPTR 用于提供所用访问的数据存储单元的地址，这个地址可以是程序存储区中的数据区，也可以是位于片外数据存储区。

(2)数据传送指令。

单片机内部 ROM 传送数据助记符为 MOV：

```
MOV    A,#data                 ;立即数寻址
MOV    A,direct                ;直接寻址
MOV    A,Rn                    ;寄存器寻址
MOV    A,@Ri                   ;寄存器间接寻址
MOV    Rn,A                    ;以 Rn 为目的操作数
MOV    Rn,direct
MOV    Rn,#data
MOV    direct,A                ;以直接地址为目的操作数
MOV    direct,#data
MOV    direct1,direct2
MOV    direct,Rn
MOV    direct,@Ri
MOV    @Ri,A                   ;以寄存器间接地址为目的操作数
MOV    @Ri,direct
MOV    @Ri,#data
MOV    DPTR,#data16            ;DPTR 赋值 16 位数据指令
```

外部数据存储器 RAM 或 I/O 传送数据助记符为 MOVX：

```
MOVX   A,@DPTR                 ;读外部 RAM 或者 I/O 口
MOVX   A,@ Ri                  ;读外部 RAM 或者 I/O 口
MOVX   @DPTR,A                 ;写外部 RAM 或者 I/O 口
```

```
MOVX  @ Ri,A              ;写外部 RAM 或者 I/O 口
```

程序存储器传送数据助记符为 MOVC：

```
MOVC  A,@A+DPTR
```

这条指令以 DPTR 为基址寄存器,A 的内容和 DPTR 的内容相加得到一个 16 位地址,把由该地址指定的程序存储器单元的内容送到累加器 A。

```
MOVC  A,@A+PC
```

这条指令以 PC 为基址寄存器,A 的内容和 PC 的当前值(下一条指令的起始地址)相加得到一个 16 位地址,把由该地址指定的程序存储器单元的内容送到累加器 A。

(3)比较条件转移指令。

```
CJNE  A,direct,rel        ;若(A)不等于(direct),则跳转
CJNE  A,#data,rel         ;若(A)不等于 data,则跳转
CJNE  Rn,#data,rel        ;若(Rn)不等于 data,则跳转
CJNE  @Ri,#data,rel       ;若((Ri))不等于 data,则跳转
```

五、实验步骤

1. 在 Keil 软件编写调试代码,并生成 HEX 文件,可以参考实验一进行。

2. 下载 HEX 文件到 51 单片机。

第 1 步:把开发板电源线、数据线连接到电脑端。

第 2 步:运行桌面上 stc-isp-15xx-v6.85H 软件。

第 3 步:在下载软件窗口选择单片机型号。

第 4 步:串口号, 选择 USB 转串口。

第 5 步:打开程序文件,找到 Keil 软件生成的 HEX 文件。

第 6 步:点击下载按钮。点击下载按钮之前,单片机不要通电,点击完下载按钮之后,轻轻按住复位按钮,等待程序烧录结束后,手再放开复位按钮。

3. 观察实验结果,调试代码。

六、实验要求

1. 认真阅读实验案例分析和实验步骤。
2. 完成实验任务 1~3 代码编写、调试,并下载到实验平台上,拍照保存实验结果。
3. 撰写实验报告,并画出实验任务 1~3 流程图。

七、实验思考

1. 什么是数码管静态显示?
2. 什么是数码管动态显示?
3. 什么是数码管的“段选”?
4. 什么是数码管的“位选”?
5. 74HC573 锁存器有什么作用?

实验五　定时器中断实验

一、实验目的

1. 掌握 51 单片机内部定时器工作原理。
2. 掌握 51 单片机定时器初始化及编程方法。
3. 掌握 51 单片机中断概念。
4. 掌握 51 单片机中断编程方法。
5. 掌握 51 单片机查询编程方法。
6. 掌握 51 单片机定时、中断调试方法。

二、实验原理

实验原理图如图 5.1 所示。

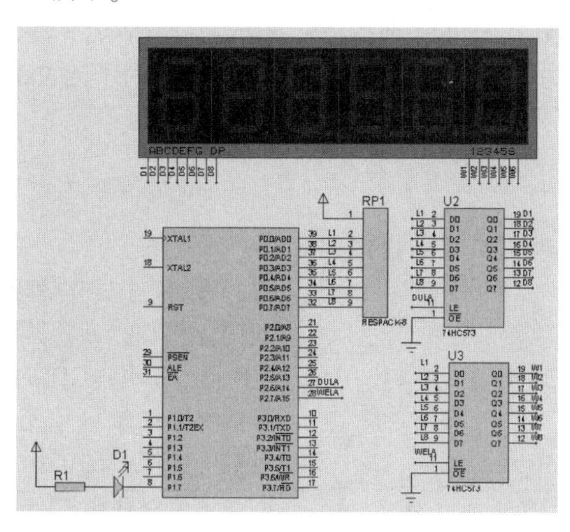

图 5.1　实验原理图

51 单片机的内部共有两个 16 位可编程定时/计数器,即定时器 T0 和定时器 T1。52 单片机内部多了一个 T2 定时器/计数器。它们既有定时功能又有计数功能,通过设置于它们相关的特殊功能寄存器可以选择启用定时功能或计数功能。定时器系统是单片机内部一个独立的硬件部分,CPU 一旦设置开启定时功能之后,定时器在晶振的作用下自动开始计时,当定时器的计数器计满后,会产生中断,即通知 CPU 该如何处理。定时/计数器在计数模式下,是对外部事件进行计数,外部事件的发生以输入脉冲来表示,因此计数功能的实质就是对外来脉冲进行计数。定时/计数器在定时模式下也是通过计数来实现的,只不过此时的计数脉冲来自单片机芯片内部,是系统振荡脉冲经 12 分频送来的,定时/计数器是每到一个机器周期就加 1。

51 单片机的内部 16 位定时/计数器是一个可编程定时/计数器，它既可以工作在 13 位定时方式，也可以工作在 16 位定时方式和 8 位定时方式。通过设置特殊功能寄存器 TMOD 即可完成。定时/计数器何时工作也是通过软件来设定 TCON 特殊功能寄存器来完成的。

现在我们选择 16 位定时工作方式，对于 T0 来说，最大定时也只有 65536us，即 65.536ms，无法达到我们所需要的 1s 的定时，因此，我们必须通过软件来处理这个问题，假设我们取 T0 的最大定时为 50ms，即要定时 1s 需要经过 20 次的 50ms 的定时。对于这 20 次，我们就可以采用软件的方法来统计了。

因此，我们设定 TMOD = 00000001B，即 TMOD = 01H。

下面我们要给 T0 定时/计数器的 TH0，TL0 装入预置初值，通过下面的公式可以计算出：

$$TH0 = (2^{16} - 50000) \ / \ 256$$

$$TL0 = (2^{16} - 50000) \ MOD \ 256$$

当 T0 在工作的时候，我们如何得知 50ms 的定时时间已到，这次通过检测 TCON 特殊功能寄存器中的 TF0 标志位，如果 TF0 = 1，则表示定时时间已到。

三、实验任务

任务 1　用单片机的定时/计数器 T0 产生一秒的定时时间，当一秒产生时，秒计数加 1，秒计数到 60 时，自动从 0 开始，并用两位数码显示。

任务 2　用定时器 0 的方式 1 实现第一个发光二极管 D1 以 200ms 间隔闪烁（查询法、中断方式两种方式编程）。

四、案例分析

任务 1　汇编参考程序（中断法）

```
DULA EQU P2.6                  ;数码管“段选”锁存器控制端
WELA EQU P2.7                  ;数码管“位选”锁存器控制端
CONNUM   EQU 30H               ;定时器中断次数 CONNUM 保存在 30H 单元中
MIAO   EQU 31H                 ;秒数保存在 31H 单元中
SHIWE   IEQU 32H               ;秒数十位保存在 32H 单元中
GEWE   IEQU 33H                ;秒数个位保存在 33H 单元中
     ORG 00H                   ;程序执行起始地址
     LJMP START                ;跳转到主程序
     ORG 0BH                   ;定时/计数器 T0 中断入口地址
     LJMP INT0X                ;跳转到中断服务程序
START:MOV A,#0                 ;初始化累加器 A 清零
        MOV CONNUM,A           ;中断次数清零
        MOV MIAO,A             ;秒清零
        LCALL INIT_T0          ;调用初始化程序
  NEXT1: LCALL   DISPLAY       ;调用显示程序
```

```
        SJMP NEXT1                  ;跳转到 NEXT1
INIT_T0:                            ;初始化子程序
        MOV TMOD,#0X01              ;选择定时器 0,工作方式 1
        MOV TH0,#(65536-50000) / 256   ;装定时器初始值高 8 位
        MOV TL0,#(65536-50000) MOD 256   ;装定时器初始值低 8 位
          SETB EA                   ;开启 CPU 总中断
          SETB ET0                  ;开启定时器 0 中断
          SETB TR0                  ;开启定时器 T0
        RET                         ;返回
INT0X:                              ;中断服务程序
        MOV TH0,#(65536-50000) / 256   ;重装定时器初始值高 8 位
        MOV TL0,#(65536-50000) MOD 256   ;重装定时器初始值高 8 位
          INC CONNUM                ;中断次数加 1
          MOV A,CONNUM
          CJNE A,#20,NEXT2          ;判断是否 1 秒,如果没有到 1 秒,跳转到 NEXT2
          MOV   CONNUM,#0           ;到了 1 秒,次数清零
          INC MIAO                  ;秒数加 1
          MOV A ,MIAO
          CJNE A,#60,NEXT2           ;判断是否 60 秒,如果没有到 60 秒,跳转到
NEXT2
          MOV MIAO ,#00H            ;到了 60 秒,把秒数清零
NEXT2:       RETI                   ;中断返回
DELAY:    MOV R1,#2                 ;延时子程序
DELAY3:    MOV R2,#248
          DJNZ R2, $
          DJNZ R1,DELAY3
           RET
DISPLAY:                            ;显示子程序
          CLR DULA                  ;关闭段选
          CLR WELA                  ;关闭位选
          MOV A,MIAO
          MOV B,#10
          DIV AB
          MOV SHIWEI ,A             ;保存秒数十位
          MOV A,B
          MOV GEWEI,A               ;保存秒数个位
          SETB WELA                 ;右边第一位显示个位
          MOV A,#0XFE
```

```
        MOV P0,A
        CLR WELA
        SETB DULA
        MOV A,GEWEI
        MOV DPTR,#TABLE
        MOVC A,@A+DPTR
        MOV P0,A
        CLR DULA
        LCALL DELAY               ;调用延时子程序
          SETB WELA               ;右边第二位显示十位
        MOV A,#0XFD
        MOV P0,A
        CLR WELA
        SETB DULA
        MOV A,SHIWEI
        MOV DPTR,#TABLE
        MOVC A,@A+DPTR
        MOV P0,A
        CLR DULA
        LCALL DELAY               ;调用延时子程序
          RET                     ;子程序返回
TABLE:        DB 3FH,06H,5BH,4FH,66H,6DH,7DH,07H,7FH,6FH
          END
```

任务 1　　汇编参考程序(查询法)

```
  DULA   EQU P2.6                 ;数码管“段选”锁存器控制端
  WELA   EQU P2.7                 ;数码管“位选”锁存器控制端
CONNUM   EQU 30H                  ;定时器中断次数 CONNUM 保存在 30H 单元中
  MIAO   EQU 31H                  ;秒数保存在 31H 单元中
SHIWEI   EQU 32H                  ;秒数十位保存在 32H 单元中
GEWEI    EQU 33H                  ;秒数个位保存在 33H 单元中
    ORG 00H                       ;程序执行起始地址
    LJMP START                    ;跳转到主程序中
    ORG 30H
START:MOV A,#0                    ;初始化累加器 A 清零
      MOV   CONNUM,A              ;次数清零
      MOV   MIAO,A                ;秒清零
      LCALL   INIT_T0             ;调用初始化程序
NEXT1:JNB   TF0,NEXT1
```

```
        CLR   TF0
        MOV TH0,#(65536-50000) / 256;重装定时器初始值高 8 位
        MOV TL0,#(65536-50000) MOD 256;重装定时器初始值高 8 位
        INC CONNUM                  ;中断次数加 1
        MOV A,CONNUM
        CJNE A,#20,NEXT2            ;判断是否 1 秒,如果没有到 1 秒,跳转到 NEXT2
        MOV   CONNUM,#0             ;到了 1 秒,次数清零
        INC MIAO                    ;秒数加 1
        MOV A ,MIAO
        CJNE A,#60,NEXT2            ;判断是否60 秒,如果没有到60 秒,跳转到 NEXT2
        MOV MIAO ,#00H              ;到了 60 秒,把秒数清零
        LCALL   DISPLAY             ;调用显示程序
NEXT2:SJMP NEXT1                    ;跳转到 NEXT1
DISPLAY:                            ;显示子程序
        CLR DULA                    ;关闭段选
        CLR WELA                    ;关闭位选
        MOV A,MIAO
        MOV B,#10
        DIV AB
        MOV SHIWEI ,A               ;保存秒数十位
        MOV A,B
        MOV GEWEI,A                 ;保存秒数个位
        SETB WELA                   ;右边第一位显示个位
        MOV A,#0XFE
        MOV P0,A
        CLR WELA
        SETB DULA
        MOV A,GEWEI
        MOV DPTR,#TABLE
        MOVC A,@A +DPTR
        MOV P0,A
        CLR DULA
        LCALL DELAY                 ;调用延时子程序
          SETB WELA                 ;右边第二位显示十位
        MOV A,#0XFD
        MOV P0,A
        CLR WELA
        SETB DULA
```

```
        MOV A,SHIWEI
        MOV DPTR,#TABLE
        MOVC A,@A+DPTR
        MOV P0,A
        CLR DULA
        LCALL DELAY                    ;调用延时子程序
          RET                          ;子程序返回
TABLE:      DB 3FH,06H,5BH,4FH,66H,6DH,7DH,07H,7FH,6FH
          END
```

任务1　C语言参考程序(中断法)

```
#include <reg52.h>
#include <intrins.h>
#define uint unsigned int
#define uchar unsigned char
sbit dula=P2^6;
sbit wela=P2^7;
uchar code table[ ]={0x3f,0x06,0x5b,0x4f,0x66,0x6d,0x7d,0x07,
                     0x7f,0x6f,0x77,0x7c,0x39,0x5e,0x79,0x71};
void  delayms(uint);
void  display(uchar,uchar);
uchar  num,num2,shi,ge;
void  main( )
{
    num=0;                           //变量初始化
    shi=0;
    ge=0;
    TMOD=0X01;
    TH0=(65536-50000)/256;           //定时器0高八位
    TL0=(65536-50000)%256;           //定时器0低八位
    EA=1;                            //开总中断
    ET0=1;                           //开定时器0
    TR0=1;                           //启动定时器0
    while(1)
    {
        display(shi,ge);             //显示函数

    }
}
```

```
void display(uchar shi,uchar ge)
{
          wela =1;
          P0 =0xfd;
          wela =0;
          P0 =0;                          //消影
          dula =1;
          P0 =table[ge];
          dula =0;
          delayms(1);
          wela =1;
          P0 =0xfe;
          wela =0;
          P0 =0;                          //消影
          dula =1;
          P0 =table[shi];
          dula =0;
          delayms(1);
}
void delayms(uint x)                      //带参数的延迟函数
{
     uint i,j;
     for(i =x;i >0;i--)
          for(j =110;j >0;j--);
}
void T0_time( ) interrupt 1
{
     TH0 =(65536-50000)/256;              //重装初值
     TL0 =(65536-50000)%256;
     num2 + +;
     if(num2 = =20)                       //判断 1 秒是否到达
     {
          num2 =0;
          num + +;
          if(num = =60)
               num =0;                    //数值清 0
          shi =num/10;                    //取十位数
          ge =num%10;                     //取个位数
```

```
    }
}
```

任务1　C语言参考程序(查询法)

```
#include <reg52.h>
#include <intrins.h>
#define uint unsigned int
#define uchar unsigned char
sbit dula = P2^6;
sbit wela = P2^7;
uchar code table[ ] = {0x3f,0x06,0x5b,0x4f,0x66,0x6d,0x7d,0x07,
                       0x7f,0x6f,0x77,0x7c,0x39,0x5e,0x79,0x71};
void delayms(uint);
void display(uchar,uchar);
uchar num,num2,shi,ge;
void main( )
{
    num =0;                          //变量初始化
    shi =0;
    ge =0;
    TMOD =0X01;
    TH0 =(65536-50000)/256;          //定时器0高八位
    TL0 =(65536-50000)%256;          //定时器0低八位
    TR0 =1;                          //启动定时器0
    while(1)
    {if(TF0 = =1)
        {TF0 =0;
TH0 =(65536-50000)/256;              //重装初值
        TL0 =(65536-50000)%256;
        num2 + +;
        if(num2 = =20)               //判断1秒是否到达
            {
            num2 =0;
            num + +;
        if(num = =60)
            num =0;                  //数值清0
        shi =num/10;                 //取十位数
        ge =num%10;                  //取个位数
            }
```

```
                }
            display(shi,ge);                  //显示函数
        }
}
void display(uchar shi,uchar ge)
{
    wela =1;
        P0 =0xfd;
        wela =0;
    P0 =0;                                    //消影
    dula =1;
        P0 =table[ge];
    dula =0;
    delayms(1);
    wela =1;
        P0 =0xfe;
        wela =0;
    P0 =0;                                    //消影
    dula =1;
        P0 =table[shi];
    dula =0;
    delayms(1);
}
void delayms(uint x)                          //带参数的延迟函数
{
      uint i,j;
for(i =x;i >0;i--)
for(j =110;j >0;j--);
}
```

任务1　　知识点链接

1.电路硬件相关知识

(1)工作方式控制寄存器TMOD。

TMOD寄存器是51单片机工作方式的控制寄存器,用于选择定时器的工作模式和工作方式,不能用位寻址,其中低4位用于控制T0,高4位用于控制T1。其格式如表5.1所示。

工作方式寄存器TMOD的格式　　表5.1

D7	D6	D5	D4	D3	D2	D1	D0
GATE	C/T	M1	M0	GATE	C/T	M1	M0

GATE:门控制位,它对定时器/计数器的启停起辅助控制作用。

GATE＝1时,定时器/计数器的计数受外部引脚P3.2或P3.3输入电平控制,只有P3.2(或P3.3)引脚的电平为1时,才能启动计数。

GATE＝0时,定时器/计数器的运行不受外部输入电平控制。

C/T:工作模式选择位。

C/T＝0为定时器模式,C/T＝1为计数器模式。

M1、M0:工作方式选择位,确定定时器/计数器工作方式。如表5.2所示。

定时器/计数器工作方式的选择 表5.2

M1	M0	工作方式
0	0	方式0,为13位定时器/计数器
0	1	方式1,为16位定时器/计数器
1	0	方式2,为自动重装常数的8位定时器/计数器
1	1	方式3,仅适合T0,分成两个8位定时器、计数器

(2)中断允许寄存器IE。

中断允许寄存器IE用来控制CPU对中断源的开放或屏蔽,具体格式如表5.3所示。

中断允许寄存器IE 表5.3

D7	D6	D5	D4	D3	D2	D1	D0
IE	EA	—	—	ES	ET1	EX1	ET0

EA 中断允许总控制位:

EA＝0:CPU关中断;

EA＝1:CPU开中断。

ES 串行口中断允许位:

ES＝0:禁止串行口中断;

ES＝1:允许串行口中断。

ET1 定时器/计数器T1的溢出中断允许位:

ET1＝0:禁止T1溢出中断;

ET1＝1:允许T1溢出中断。

EX1 外部中断1中断允许位:

EX1＝0:禁止外部中断1中断;

EX1＝1:允许外部中断1中断。

ET0 定时器/计数器T0的溢出中断允许位:

ET0＝0:禁止T0溢出中断;

ET0＝1:允许T0溢出中断。

EX0 外部中断0中断允许位:

EX0＝0:禁止外部中断0中断;

EX0＝1:允许外部中断0中断。

(3)定时器/计数器控制寄存器TCON。

定时器/计数器控制寄存器TCON,具体格式如表5.4所示。

定时器/计数器控制寄存器 TCON　　表 5.4

D7	D6	D5	D4	D3	D2	D1	D0
TCON	TF1	TR1	TF0	TR0	IE1	IT1	IE0

IT0　外部中断请求 0 触发方式：

IT0 =0：低电平触发方式；

IT0 =1：下降沿触发方式。

IE0　外部中断请求 0 的中断请求标志位：

IE0 =0：无中断请求；

IE0 =1：外部中断 0 有中断请求。

IT1　外部中断请求 1 触发方式：

IT1 =0：低电平触发方式；

IT1 =1：下降沿触发方式。

IE1　外部中断请求 1 的中断请求标志位：

IE1 =0：无中断请求；

IE1 =1：外部中断 1 有中断请求。

TR0　定时器/计数器 T0 运行控制位：

TR0 =0：停止定时器/计数器 T0；

TR0 =1：启动定时器/计数器 T0。

TF0　定时器/计数器 T0 溢出标志位：

当 T0 计数器的最高位产生溢出时将 TF0 置 1，并向 CPU 申请中断；当 CPU 相应中断时，由硬件清零 TF0，TF0 也可以软件查询清零。

TR1　定时器/计数器 T1 运行控制位：

TR1 =0：停止定时器/计数器 T1；

TR1 =1：启动定时器/计数器 T1。

TF1　定时器/计数器 T1 溢出标志位：

当 T1 计数器的最高位产生溢出时，将 TF1 置 1，并向 CPU 申请中断，当 CPU 相应中断时，由硬件清零 TF1，TF1 也可以软件查询清零。

2. 指令代码相关知识

(1)伪指令。

伪指令是在“机器汇编”过程中，用来对汇编过程进行某种控制或者对符号和标号进行赋值。这些指令不属于指令系统的指令，汇编不产生机器代码，因此成为“伪指令”。利用伪指令可以告诉“汇编程序”如何进行汇编，比如程序应放在何处、标号地址的具体取值等。

ORG；汇编起始地址伪指令，用来定义目标程序的起始地址。

END；汇编结束伪指令，用来表示汇编源程序结束。

EQU；赋值伪指令，用来对程序中出现的标号进行赋值。其格式如下：

字符名称　EQU　数或汇编符号

DATA；数据地址赋值伪指令，用来对数据地址赋予规定的字符名称。其格式如下：

标号名称　DATA　表达式

DB;定义字节伪指令,用来从指定的地址单元开始,存放若干字节。其格式如下:

[标号:]DB 字节常数(用逗号分隔开的若干项,每一项都是一个字节)

DW;定义字伪指令,用来从指定的地址单元开始,存放若干字。其格式如下:

[标号:]DW 字常数(用逗号分隔开的若干项,每一项都是一个字)

DS;定义空间伪指令,用来从指定的地址单元开始,保留若干单元备用。

[标号:]DS 表达式(其值表示保留的单元个数)

BIT;位地址符号伪指令,用来将位地址赋给字符名称。其格式为:

字符名称　BIT 位地址

(2)中断概念。

所谓"中断",是指 CPU 暂时停止正在执行的程序,转去执行请求 CPU 为之服务的内、外部事件所对应的服务程序,待该服务程序执行完后,又返回到被暂停的程序继续运行的过程。中断过程及生活类似事例的示意图,如图 5.2 所示。

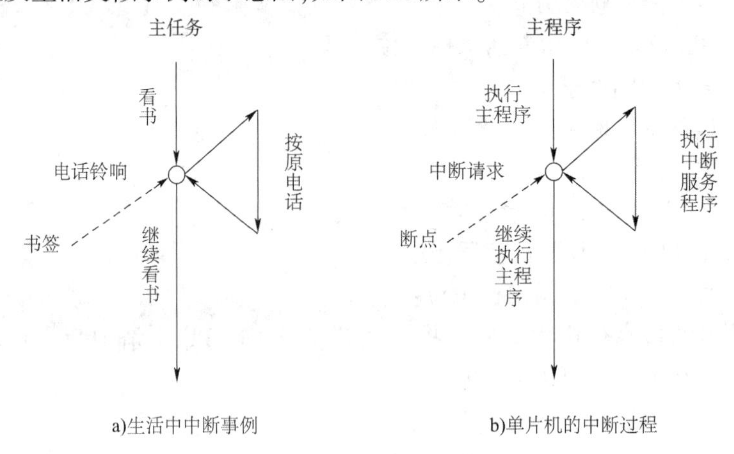

图 5.2　中断过程示意图

(3)中断入口地址。

51 单片机有 5 个中断源:外部中断 0、定时/计数器 T0、外部中断 1、定时/计数器 T1、串行口中断。中断入口地址是固定的,如表 5.5 所示。其中两个中断入口地址只相隔 8 字节,一般情况下难以安放一个完整的中断服务程序。因此通常在中断入口地址处放置一条无条件转移指令,使程序执行转向在其他地址存放的中断服务程序。

中断入口地址　　表 5.5

中断源	入口地址
外部中断 0	0003H
定时/计数器 T0	000BH
外部中断 1	0013H
定时/计数器 T1	001BH
串行口中断	0023H

(4)中断时常用的主程序结构。

```
ORG 0000H
```

```
        LJMP START
        ORG 中断入口地址
        LJMP   INT0X
        ……
        ORG   0030H
START:主程序
INT0X:中断服务程序
```

51 单片机的程序必须从起始地址 0000H 执行。但是,0003H 就是外部中断 0 的中断入口地址。所以通常在 0000H 起始地址的 3 个字节以内,安排无条件转移指令,跳转到真正的主程序。各个中断入口地址之间依次相差 8 字节,中断服务程序稍长就会超过 8 字节,这样中断服务程序就占用其他中断源的中断入口地址,影响其他中断源的处理。因此,一般在进入中断后,用一条无条件转移指令,使程序跳转到安排在其他位置的真正的中断服务程序。

(5)定时器/计数器初始化编程步骤。

第 1 步:选择定时器/计数器,确定工作方式,即对 TMOD 寄存器写入控制字。

第 2 步:计算定时器/计数器初值,并将初值写入寄存器 TH_X 和 TL_X。

第 3 步:根据需求,对中断控制寄存器 IE 置初值,确定是否开放定时器中断。

第 4 步:使运行控制寄存器 TCON 中的 TR_X 置 1,启动定时器/计数器。

(6)定时器/计数器初始值计算。

为了使定时器/计数器能按照要求来计数或者定时,在初始化过程中,必须设置定时器/计数器的初始值。由于定时器/计数器是加 1 计数,并在溢出是产生中断,因此定时器/计数器初始值不能是所需要的计数值,而是要从最大计数值减去计数值,所得到的值才是应当设置的计算器初始值。假设定时器/计数器的最大计数值是 M,则计算初值 X 的公式如下:

$$X = M - \text{要求计数值}$$

$$TH_X = X/256$$

$$TL_X = X\%256$$

五、实验步骤

1. 在 Keil 软件编写调试代码,并生成 HEX 文件,可以参考实验一进行。

2. 下载 HEX 文件到 51 单片机。

第 1 步:把开发板电源线、数据线连接到电脑端。

第 2 步:运行桌面上 stc-isp-15xx-v6. 85H 软件。

第 3 步:在下载软件窗口选择单片机型号。

第 4 步:串口号选择 USB 转串口。

第 5 步:打开程序文件,找到 Keil 软件生成的 HEX 文件。

第 6 步:点击下载按钮。点击下载按钮之前,单片机不要通电,点击完下载按钮之后,轻轻按住复位按钮,等待程序烧录结束后,再放开复位按钮。

3. 观察实验结果,调试代码。

六、实验要求

1. 认真阅读实验案例分析和实验步骤。
2. 完成实验任务 1 ~ 2 代码编写、调试，并下载到实验平台上，拍照保存实验结果。
3. 撰写实验报告，并画出实验任务 1 ~ 2 流程图。

七、实验思考

1. 定时器/计数器初始化编程步骤是什么？
2. 如何计算定时器/计数器初始值？
3. 定时器/计数器工作原理是什么？
4. 试使用定时器/计数器 1 编写程序完成任务 1。

实验六　AD/DA 转换实验

一、实验目的

1. 掌握 AD 转换实验原理。
2. 掌握 DA 转换实验原理。
3. 编程实现 AD 转换。
4. 编程实现 DA 转换。

二、实验原理

实验原理如图 6.1 所示。

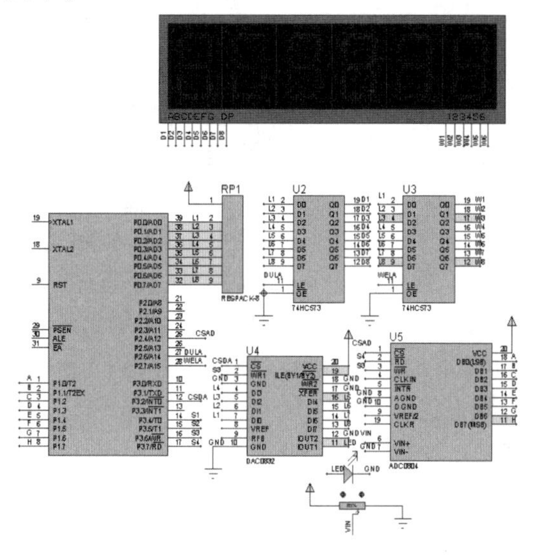

图 6.1　AD/DA 转换实验原理图

本实验 DA 转换芯片采用 DAC0832 芯片，该芯片把单片机 P0 口的数字量转换为模拟量来控制二极管的亮暗程度。

本实验 AD 转换芯片采用 ADC0804 芯片，该芯片把 0-5V 模拟电压值转换为数字量(P1 口)，然后用三位数码管显示数字量。

三、实验任务

任务 1　用单片机控制 DAC0832 芯片输出电流，让发光二级管 D10 由熄灭均匀变到最亮，到最亮时突然熄灭，然后再由熄灭均匀变亮，一直循环(直通方式)。

任务 2　用单片机控制 DAC0832 芯片输出电流，让发光二级管 D10 由灭均匀变到最亮，再由最亮均匀熄灭(直通方式,自己编写程序)。

任务3 用单片机控制 ADC0804 进行数模转换,当拧动实验板上 A/D 旁边的电位7时,在数码管的前三位以十进制方式显示 A/D 转换后的数字量(8位 A/D 转换后数值在0~255变化)。

四、案例分析

任务1 汇编参考程序

```
MS   EQU   30H
  CSDA   EQU   P3.2
  W      EQU   P3.6
  WELA   EQU   P2.7
   DULA   EQU   P2.6
   ORG   00H
START:   CLR WELA                    ;关闭“段选”
          CLR DULA                   ;关闭“位选”
           MOV MS,#0                 ;变量 MS 赋初值
           CLR CSDA                  ;芯片片选信号有效
           CLR W                     ;写信号使能端有效
     NEXT:  INC   MS                 ;变量加1
           MOV A,MS
           MOV P0,A                  ;把变量 MS 值赋给 DA 芯片
            LCALL DELAY              ;调用延时子程序
            SJMP NEXT                ;跳转到 NEXT
DELAY:   MOV R6,#20                  ;延时子程序
D2:      MOV R7,#248
         DJNZ R7, $
         DJNZ R6,D2
           RET
           END
```

任务1 C 语言参考程序

```
#include <reg52. h >
#define uint unsigned   int
#define uchar unsigned char
uchar MS;
sbit csda = P3^2;
sbit wr = P3^6;
sbit wela = P2^7;
sbit dula = P2^6;
```

```
void delay(uint t);
void main()
{
        wela =0;
        dula =0;
        MS =0;
        csda =0;
        wr =0;
    while(1)
        {
            MS ++;
            P0 =MS;
            delay(100);
              }
}
void delay(uint t)
{
    uint x,y;
    for(x =t;x >0;x--)
        {
        for(y =120;y >0;y--)
            {

                }
        }
}
```

任务 3　汇编参考程序

```
DULA   EQU   P2.6
WELA   EQU   P2.7
CSAD   EQU   P2.4
RDAD   EQU   P3.7
WRAD   EQU   P3.6
CONNUM   EQU   30H
GEWEI   EQU   31H
SHIWEI   EQU   32H
BAIWEI   EQU   33H
START:   MOV A,#0
          MOV CONNUM,A
```

```
        LCALL AD_INIT              ;调用 AD 转换初始化子程序
NEXT1:  LCALL   AD_START           ;调用启动 AD 转换子程序
        LCALL   DELAY              ;调用延时子程序
        LCALL   AD_READ            ;调用读 AD 转换结果子程序
        LCALL   DELAY              ;调用延时子程序
        LCALL   DISPLAY            ;调用显示子程序
        SJMP    NEXT1              ;跳转到 NEXT1
AD_INIT:CLR     CSAD               ;AD 转换芯片片选信号有效
        RET                        ;子程序返回
AD_START:SETB   WRAD               ;启动 AD 转换
        CLR WRAD
        SETB WRAD
        RET                        ;子程序返回
DELAY:  MOV R1,#2                  ;延时子程序
DELAY3: MOV R2,#248
        DJNZ R2, $
        DJNZ R1,DELAY3
        RET                        ;子程序返回
AD_READ: SETB   RDAD               ;读 AD 转换结果子程序
        CLR RDAD
        LCALL DELAY                ;调用子程序
        MOV A,P1                   ;把转换的结果放在累加器 A 中
        MOV CONNUM,A               ;用 CONNUM 保存转换结果
        SETB    RDAD
        RET                        ;子程序返回
DISPLAY:CLR DULA                   ;显示转换结果
        CLR WELA
        MOV A,CONNUM
        MOV B,#100
        DIV AB
        MOV BAIWEI ,A
        MOV A,B
        MOV B,#10
        DIV AB
        MOV SHIWEI,A
        MOV A,B
        MOV GEWEI,A
        SETB WELA
```

```
        MOV A,#0XFE                 ;显示个位
        MOV P0,A
        CLR WELA
        SETB DULA
        MOV A,GEWEI
        MOV DPTR,#TABLE
        MOVC A,@A+DPTR
        MOV P0,A
        CLR DULA
        LCALL DELAY
          SETB WELA
        MOV A,#0XFD                 ;显示十位
        MOV P0,A
        CLR WELA
        SETB DULA
        MOV A,SHIWEI
        MOV DPTR,#TABLE
        MOVC A,@A+DPTR
        MOV P0,A
        CLR DULA
        LCALL DELAY
          SETB WELA
        MOV A,#0XFB                 ;显示百位
        MOV P0,A
        CLR WELA
        SETB DULA
        MOV A,BAIWEI
        MOV DPTR,#TABLE
        MOVC A,@A+DPTR
        MOV P0,A
        CLR DULA
        LCALL DELAY
            RET
TABLE:          DB 3FH,06H,5BH,4FH,66H,6DH,7DH,07H,7FH,6FH
               END
```

任务3　　C语言参考程序

```
#include <reg52.h>
#define uint unsigned int
```

```
#define uchar unsigned char
sbit DULA =P2^6;
sbit WELA =P2^7;
sbit csad =P2^4;
sbit rd =P3^7;
sbit wr =P3^6;
void delay(uint t);
void display(uchar k);
void init_ad( );                                  //AD 转换器初始化
void start_conversion( );                         //AD 转换启动
void read_ad( );                                  // 读取 AD 转换结果
uchar code seg_table[ ] = {0x3f,0x06,0x5b,0x4f,
                           0x66,0x6d,0x7d,0x07,
                           0x7f,0x6f,0x77,0x7c,
                           0x39,0x5e,0x79,0x71};
uchar CONNUM;                                     //保存转换结果
void main( )
{
    CONNUM =0;
    init_ad( );
    while(1)
    {
        start_conversion( );
        delay(1);
        read_ad( );
        delay(1);
        display(CONNUM);
    }
}

void delay(uint t)
{
    uint x,y;
    for(x =t;x >0;x--)
    {
        for(y =120;y >0;y--)
        {
```

```
            }
        }
}
void display(uchar k)
{
    uchar gewei,shiwei,baiwei;

    baiwei =k/100;
    shiwei =k%100/10;
    gewei =k%10;

    WELA =1;
    P0 =0xfe; //1111 1110
    WELA =0;
    DULA =1;
    P0 =seg_table[gewei];
    DULA =0;
    delay(1);
    WELA =1;
    P0 =0xfd;
    WELA =0;
    DULA =1;
    P0 =seg_table[shiwei];
    DULA =0;
    delay(1);
    WELA =1;
    P0 =0xfb;
    WELA =0;
    DULA =1;
    P0 =seg_table[baiwei];
    DULA =0;
    delay(1);
    }
void init_ad( )
{
    csad =0;
}
void start_conversion( )
```

```
{
    wr =1;
    wr =0;
    wr =1;
}
void read_ad( )
{
    rd =1;
    rd =0;
    delay(1);
    CONNUM =P1;
    rd =1;
}
```

知识点链接

1. 电路硬件相关知识

(1)DAC0832 芯片简介。

DAC0832 是 8 位 D/A 转换器,它可以直接与 51 单片机连接。它内部是由一个 8 位输入寄存器、一个 8 位 DAC 寄存器和一个 8 位 D/A 转换器三部分组成。其引脚图如图 6.2 所示。

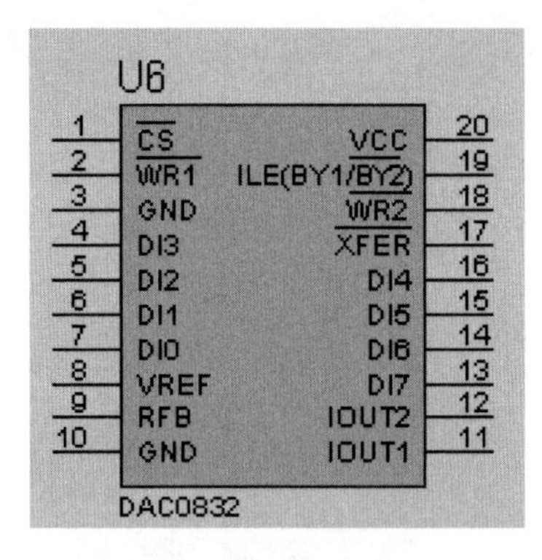

图 6.2　DAC0832 引脚图

DI0 ~ DI7:8 位数字量输入端,可以与单片机 P0 口相连,用于接收单片机送来的带转换为模拟量的数字量。

#CS:片选端,当#CS 为低电平时,本芯片有效。

ILE:输入寄存器的选通允许控制端,高电平有效。

#WR1:输入寄存器的选通允许控制端,低电平有效。

#WR2:DAC 寄存器的选通允许控制端,低电平有效。

#XFER:数据传送控制信号,低电平有效。

V_{REF}:基准电压输入。

I_{OUT1}:D/A 转换器电流输出 1 端。

I_{OUT2}:D/A 转换器电流输出 2 端。

R_{fb}:外部反馈信号输入端。

VCC:电源输入端。

DGND:数字信号地。

AGND:模拟信号地。

(2)ADC0804 芯片简介。

ADC0804 芯片,分辨率为 8 位,转换时间 100μs,输入电压范围 0 ~5V。芯片内具有三态输出数据锁存器,可以直接连接到数据总线上。ADC0804 引脚图如图 6.3 所示。

VIN(+)、VIN(-):模拟信号输入端;

DB0 ~ DB7:数字信号输出口;

AGND:模拟信号地;

DGND:数字信号地;

CLK:时钟信号输入端;

CLKR:内部时钟发生器的外接电阻端;

#CS:片选信号输入端,低电平有效;

#WR:写信号输入端;

#RD:读信号输入端;

#INTR:A/D 转换结束信号,低电平表示本次转换已经完成。

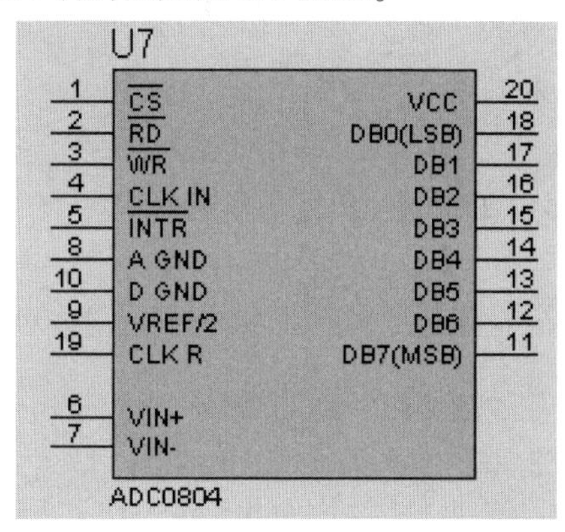

图 6.3　AD0804 引脚图

$V_{REF/2}$:参考电平输入;

VCC:芯片电源输入。

2. 指令代码相关知识

(1)DA 转换器编程分析。

首先使能 D/A 片选,接着使能写入端,这时 D/A 就成为直通模式,只需要变化输入端数据,D/A 的模拟输出端便紧跟着变化,不过变化的数据的频率不要过高,不要超过 D/A 芯片的转换最高频率。

(2)AD 转换器编程分析。

首先使能 A/D 片选,接着启动 A/D 芯片转换,延时一段时间,等待 A/D 转换器把模拟量转换结束,然后三位数码管显示,A/D 转换结果。

五、实验步骤

1. 在 Keil 软件中编写调试代码并生成 HEX 文件,可以参考实验一进行。

2. 下载 HEX 文件到 51 单片机。

第 1 步:把开发板电源线、数据线连接到电脑端。

第 2 步:运行桌面上 stc-isp-15xx-v6.85H 软件。

第 3 步:在下载软件窗口选择单片机型号。

第 4 步:串口号, 选择 USB 转串口。

第 5 步:打开程序文件,找到 Keil 软件生成的 HEX 文件。

第6步:点击下载按钮。点击下载按钮之前,单片机不要通电,点击完下载按钮之后,轻轻按住复位按钮,等待程序烧录结束后,手再放开复位按钮。

3. 观察实验结果,调试代码。

六、实验要求

1. 认真阅读实验案例分析和实验步骤。
2. 完成实验任务1~3代码编写、调试,并下载到实验平台上,拍照保存实验结果。
3. 撰写实验报告,并画出实验任务1~3流程图。

七、实验思考

1. 简述DA转换器编程步骤。
2. 简述AD转化器编程步骤。

实验七　电子秒表设计实验

一、实验目的

1. 掌握单片机开发流程。
2. 掌握单片机按键识别编程。
3. 掌握数码管编程。
4. 掌握定时中断编程。
5. 掌握必要的程序调试手段。

二、实验原理

实验原理图如图 7.1 所示。

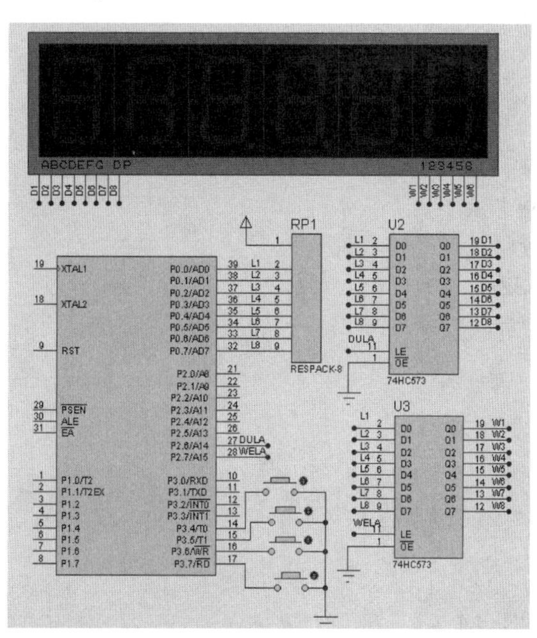

图 7.1　实验原理图

三、实验任务

1. 任务 1

(1)设计任务。

①按下 S1(P3.4)后就开始计时。

②再按 S2(P3.5)后,计时停止。

③再按 S3(P3.6)后,计时归零。

④两位数码管显示 0 ~99s。

(2)设计要求。

使用定时器、中断、数码管设计。

2.任务 2

(1)设计任务。

①开始时,显示“00”,第 1 次按下 S1(P3.4)后就开始计时。

②第 2 次按 S1 后,计时停止。

③第 3 次按 S1 后,计时归零。

④两位数码管显示 0 ~99s。

(2)设计要求。

使用定时器、中断、数码管设。

四、案例分析

任务 1　　汇编参考程序

```
DULA   EQU P2.6
WELA   EQU P2.7
  S1       EQU P3.4
  S2       EQU P3.5
  S3       EQU P3.6
CONNUM   EQU 30H
  MIAO   EQU 31H
SHIWEI       EQU 32H
GEWEI       EQU 33H
      ORG 00H
      LJMP START
      ORG 0BH
      LJMP INT0X
      ORG 30H
START:MOV A,#0
           MOV CONNUM,A
           MOV MIAO,A                          ;秒数初始值清零
           LCALL INIT_T0                       ;调用定时器初始化程序
NEXT2:LCALL DISPLAY                            ;调用显示程序
           JB S1 ,NEXT3                        ;S1 如果没有按下,跳转到 NEXT3
            LCALL DELAY                        ;调用延时程序,按键去抖动
            JB S1,NEXT3                        ;再一次判断 S1 是否按下
           SETB TR0                            ;开启定时器
```

```
NEXT3:JB S2,NEXT4                          ;S2 如果没有按下,跳转到 NEXT4
      LCALL DELAY                          ;调用延时程序,按键去抖动
      JB S2,NEXT4                          ;再一次判断 S2 是否按下
      CLR TR0                              ;关闭定时器
NEXT4:JB  S3 ,NEXT2                        ;S3 如果没有按下,跳转到 NEXT2
      LCALL DELAY                          ;调用延时程序,按键去抖动
      JB  S3 ,NEXT2                        ;再一次判断 S3 是否按下
      MOV MIAO ,#0                         ;秒数清零
      CLR TR0                              ;关闭定时器
      SJMP NEXT2
INIT_T0:                                   ;初始化子程序
      MOV TMOD,#0X01                       ;定时器 0,工作方式 1
      MOV TH0,#(65536-50000) / 256         ;装初始值高 8 位
      MOV TL0,#(65536-50000) MOD 256       ;装初始值低 8 位
      SETB EA                              ;开启总中断
      SETB ET0                             ;开启定时器 0 中断
      RET                                  ;子程序返回
INT0X:
      MOV TH0,#(65536-50000) / 256         ;装初始值高 8 位
      MOV TL0,#(65536-50000) MOD 256       ;装初始值低 8 位
      INC CONNUM                           ;中断次数加 1
      MOV A,CONNUM
      CJNE A,#20,NEXT1                     ;判断是否到 1 秒
      MOV  CONNUM,#0
      INC MIAO                             ;秒数加 1
      MOV A ,MIAO
      CJNE A,#100,NEXT1                    ;判断秒数是否到 100
      MOV MIAO ,#00H                       ;秒数清零
NEXT1: RETI                                ;中断返回
DELAY:  MOV R1,#2                          ;延时子程序
DELAY3:  MOV R2,#248
      DJNZ R2, $
      DJNZ R1,DELAY3
      RET
DISPLAY:CLR DULA                           ;显示子程序
      CLR WELA
      MOV A,MIAO
      MOV B,#10
```

```
        DIV AB
        MOV SHIWEI ,A
        MOV A,B
        MOV GEWEI,A
        SETB WELA
        MOV A,#0XFE                     ;显示个位
        MOV P0,A
        CLR WELA
        SETB DULA
        MOV A,GEWEI
        MOV DPTR,#TABLE
        MOVC A,@A+DPTR
        MOV P0,A
        CLR DULA
        LCALL DELAY
          SETB WELA
        MOV A,#0XFD                     ;显示十位
        MOV P0,A
        CLR WELA
        SETB DULA
        MOV A,SHIWEI
        MOV DPTR,#TABLE
        MOVC A,@A+DPTR
        MOV P0,A
        CLR DULA
        LCALL DELAY
           RET
TABLE:DB 3FH,06H,5BH,4FH,66H,6DH,7DH,07H,7FH,6FH
           END
```

任务1　　C语言参考程序

```
#include <reg51.h>
#define GPIO_DIG   P0                  //段选
#define GPIO_PLACE P1                  //位选
#define uchar unsigned char
sbit key1 = P3^4;
sbit key2 = P3^5;
sbit key3 = P3^6;
unsigned char code DIG_PLACE[8] = {
```

```
0xfe,0xfd,0xfb,0xf7,0xef,0xdf,0xbf,0x7f};//位选控制   查表的方法控制
unsigned char code DIG_CODE[16] = {
0x3f,0x06,0x5b,0x4f,0x66,0x6d,0x7d,0x07,
0x7f,0x6f,0x77,0x7c,0x39,0x5e,0x79,0x71};
uchar num,num2,shi,ge,cishu;                //全局变量
void DigDisplay(uchar,uchar);               //动态显示函数
void main(void)
{
    num =0;                                 //变量初始化
    shi =0;
    ge =0;
    cishu =0;
    TMOD =0x01;                             //定时器 0 工作在方式 1
    TH0 =(65536-50000)/256;
    TL0 =(65536-50000)%256;
    EA =1;                                  //开总中断
    ET0 =1;                                 //开 T0 中断
    TR0 =0;                                 //关闭 T0 中断
    IT0 =1;                                 //外部中断 0,下降沿触发
    EX0 =1;                                 //开外部中断 0
    while(1)
    {
        DigDisplay(shi,ge);                 //显示函数
    }
}
void DigDisplay(uchar shi,uchar ge)
{
    GPIO_PLACE = DIG_PLACE[0];              //发送位选
    GPIO_DIG =DIG_CODE[shi];                //发送段码
    GPIO_DIG = 0x00;                        //消隐
    GPIO_PLACE = DIG_PLACE[1];              //发送位选
    GPIO_DIG = DIG_CODE[ge];                //发送段码
    GPIO_DIG = 0x00;                        //消隐
}
void external_0( ) interrupt 0              //外部中断 0 函数
{
    uchar i,j;
    EX0 =0;
```

```
    for(i =0;i <100;i + +)                       //延时去抖
        for(j =0;j <60;j + +);

    if(ky1 = =0)                                 //开启定时器 0
        TR0 =1;
    if(ky2 = =0)                                 //关闭定时器 0
        TR0 =0;
    if(ky3 = =0)                                 //各数值清零
    {
        shi =0;
        ge =0;
        num =0;
        cishu =0;
    }
    EX0 =1;
}
void T0_time( ) interrupt 1                      //用定时器 0 定时 1 秒
{
    TH0 =(65536-50000)/256;
    TL0 =(65536-500000)%256;
    num2 + +;
    if(num2 = =20)                               //判断 1 秒是否到达
    {
        num2 =0;
        num + +;
        if(num = =100)                           //计数到达 100 时,清零
        num =0;
        shi =num/10;                             //取十位数
        ge =num%10;                              //取个位数
    }
}
```

任务 1　　知识点链接

1. 常用的按键去抖动方式有两种:硬件去抖和软件延时去抖。

硬件去抖:通过在按键输出端加双稳态去抖电路(通常由 R-S 触发器组成)或 RC 滤波去抖电路来达到消除抖动效果。

软件去抖:通常是当检测到有键按下时,执行一个 10ms 左右的延时程序后,再确认该键电平是否保持闭合状态电平,若保持闭合状态电平,则确认该键处于闭合状态,从而去除了抖动影响。

2. 单片机对键盘的监控方式主要有三种，即查询法、定时扫描及中断扫描。

查询法：单片机空闲时，调用键盘扫描子程序，反复扫描键盘来响应键盘的输入请求。

定时扫描：单片机每隔一段时间对键盘扫描一次，定时中断的周期一般应小于100ms。

中断扫描：键盘按下时，向单片机发出中断请求信号，单片机响应中断，执行键盘扫描中断服务程序。

五、实验步骤

1. 在Keil软件编写调试代码，并生成HEX文件，可以参考实验一进行。

2. 下载HEX文件到51单片机。

第1步：把开发板电源线、数据线连接到电脑端。

第2步：运行桌面上stc-isp-15xx-v6.85H软件。

第3步：在下载软件窗口选择单片机型号。

第4步：串口号，选择USB转串口。

第5步：打开程序文件，找到Keil软件生成的HEX文件。

第6步：点击下载按钮。点击下载按钮之前，单片机不要通电，点击完下载按钮之后，轻轻按住复位按钮，等待程序烧录结束后，手再放开复位按钮。

3. 观察实验结果，调试代码。

六、实验要求

1. 认真阅读实验案例分析和实验步骤。

2. 完成实验任务1～2代码编写、调试，并下载到实验平台上，拍照保存实验结果。

3. 撰写实验报告，并画出实验任务1～2流程图。

七、实验思考

1. 为什么要使用按键去抖动？

2. 为什么要考虑按键释放？

3. 单片机是如何识别独立按键状态的？

实验八　双机通信实验

一、实验目的

1. 理解单片机异步串口的工作原理。
2. 理解单片机异步串口的几种工作方式。
3. 掌握单片机异步串口波特率的计算方法。
4. 掌握单片机异步串口初始化过程及程序写法。
5. 掌握单片机异步串口发送与接收数据程序写法。
6. 培养团队精神。

二、实验原理

实验原理图如图 8.1 所示。

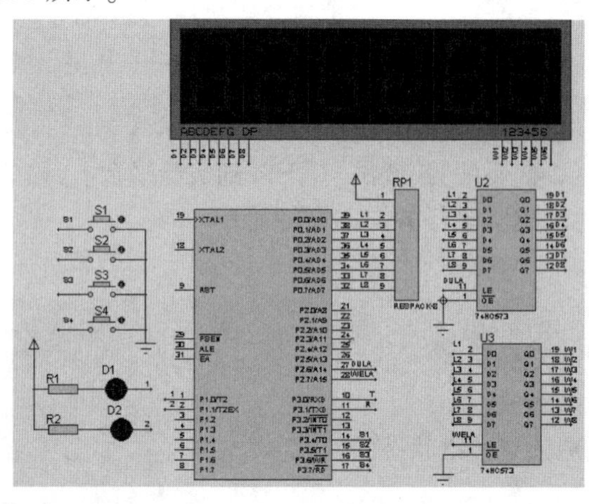

图 8.1　实验原理图

三、实验任务

任务 1

甲乙两个单片机进行串口通信，要求：

(1) 甲机通过按键 S1 可以控制乙机的 LED1，LED2 的亮灭；

按键次数　0 次　LED1，LED2 均不亮；

按键次数　1 次　LED1 亮，LED2 不亮；

按键次数　2 次　LED1 不亮，LED2 亮；

按键次数　3 次　LED1，LED2 均亮。

(2)乙机通过按键 S2 可以向甲机发送数据,并显示在甲机数码管上。

(3)学号尾号为单号的同学做甲机程序,学号尾号为双号的同学做乙机程序(相邻学号的同学为一组)。

四、案例分析

任务 1　　甲机汇编语言参考程序

```
DULA   EQU P2.6
  WELA   EQU P2.7
  S1       EQU P3.4
CONNUM EQU 30H
  MIAO    EQU   31H
SHIWEI      EQU 32H
GEWEI       EQU 33H
KEYCNT    EQU 34H
     ORG 0000H
     LJMP START
     ORG 0023H                                   ;串行口中断入口地址
     LJMP INT0X                                  ;串口接收中断
START:MOV A,#00H
     MOV   CONNUM,A
     MOV   MIAO,A
     MOV   KEYCNT,A
     SETB   P1.0
     SETB   P1.1
     MOV    P0,#00
     MOV    SCON,#0x50                           ;串口模式 1,允许接收
     MOV    TMOD,#0x20                           ;T1 工作模式 2
     MOV    PCON,#0x00                           ;波特率不倍增
     MOV    TH1,#0xfd                            ;设置波特率 9600
     MOV    TL1,#0xfd
     CLR TI                                      ;关闭串口发送中断标志位
     CLR RI                                      ;关闭串口接收中断标志位
     SETB    TR1                                 ;启动定时器 1
     MOV IE,#0x90                                ;开启总中断,串口中断
     WT:  JB S1,WT                               ;判断按键是否按下
     LCALL DELAY                                 ;延时,去抖动
       JB S1,WT
     INC KEYCNT                                  ;按键次数加 1
```

```
    MOV A,KEYCNT
    CJNE A,#01H,KN1              ;按键次数判断,是否是1次
    MOV CONNUM,A
     LJMP DKN
KN1:  CJNE A,#02H,KN2            ;按键次数判断,是否是2次
      MOV CONNUM,A
     LJMP DKN
KN2:  CJNE A,#03H,DKN            ;按键次数判断,是否是3次
      MOV CONNUM,A
DKN:  LCALL FASONG               ;调用发送子程序
        JNB S1, $                ;按键释放
    LJMP  WT
INT0X:CLR  RI                    ;接收中断服务程序,中断标志位清零
      MOV A,SBUF                 ;接收数据
      MOV MIAO,A
        RETI
DELAY:  MOV R1,#2                ;延时子程序
DELAY3:  MOV R2,#248
        DJNZ R2, $
        DJNZ R1,DELAY3
         RET
DISPLAY: CLR DULA                ;显示子程序
    CLR WELA
    MOV A,MIAO
    MOV B,#10
    DIV AB
    MOV SHIWEI ,A
    MOV A,B
    MOV GEWEI,A
    SETB WELA
    MOV A,#0XFE                  ;显示个位
    MOV P0,A
    CLR WELA
    SETB DULA
    MOV A,GEWEI
    MOV DPTR,#TABLE
    MOVC A,@A+DPTR
    MOV P0,A
```

```
        CLR DULA
        LCALL DELAY
           SETB WELA
        MOV A,#0XFD
        MOV P0,A
        CLR WELA
        SETB DULA
        MOV A,SHIWEI
        MOV DPTR,#TABLE
        MOVC A,@A+DPTR
        MOV P0,A
        CLR DULA
        LCALL DELAY
            RET
FASONG:  MOV   A,CONNUM
         MOV   SBUF,A
         JNB   TI, $
         CLR TI
         RET
TABLE:        DB 3FH,06H,5BH,4FH,66H,6DH,7DH,07H,7FH,6FH
               END
```

任务1　　甲机C语言参考程序

```
#include <reg51.h>
#define uchar unsigned char
#define uint unsigned int
sbit LED1 =P1^0;
sbit LED2 =P1^1;
sbit K1 =P3^4;                              //K1 =S1
sbit DULA =P2^6;
sbit WELA =P2^7;
uchar Operation_No =0;                      //操作代码
uchar code seg_table[ ] ={0x3f,0x06,0x5b,0x4f,
                          0x66,0x6d,0x7d,0x07,
                          0x7f,0x6f,0x77,0x7c,
                          0x39,0x5e,0x79,0x71};
void delay(uchar t)                         //延时
{
    uchar x,y;
```

```
        for(x =t;x >0;x--)
        {
            for(y =120;y >0;y--);

        }
}
void Putc_to_SerialPort(uchar c)              //向串口发送字符
{
        SBUF =c;
        while(TI = =0);
        TI =0;
}
void display(uchar k)                         //显示子程序
{
        uchar gewei,shiwei,baiwei;
        baiwei =k/100;
        shiwei =k%100/10;
        gewei =k%10;
        WELA =1;
        P0 =0xfe; //1111 1110
        WELA =0;
        DULA =1;
        P0 =seg_table[gewei];
        DULA =0;
        delay(10);
}
void main( )                                  //主程序
{
        LED1 =LED2 =1;
        P0 =0x00;
        SCON =0x50;                           //串口模式 1,允许接收
        TMOD =0x20;                           //T1 工作模式 2
        PCON =0x00;                           //波特率不倍增
        TH1 =0xfd;
        TL1 =0xfd;
        TI =RI =0;
        TR1 =1;
        IE =0x90;                             //允许串口中断
```

```
    while(1)
    {
        delay(100);
        if(K1 = =0)                          //按下 K1 时选择操作代码 0,1,2,3
        {
            while(K1 = =0);
            Operation_No =(Operation_No +1)%4;
            switch(Operation_No)//根据操作代码发送 A/B/C 或停止发送
            {
                case 0:Putc_to_SerialPort('X');
                       LED1 =LED2 =1;
                       break;
                case 1:Putc_to_SerialPort('A');
                       LED1 = ~LED1;LED2 =1;
                       break;
                case 2:Putc_to_SerialPort('B');
                       LED2 = ~LED2;LED1 =1;
                       break;
                case 3:Putc_to_SerialPort('C');
                       LED1 = ~LED1;LED2 =LED1;
                       break;
            }
        }
    }
}
void Serial_INT( ) interrupt4                //甲机串口接收中断函数
{
    if(RI)
    {
        RI =0;
        if(SBUF > =0&&SBUF < =9)  display(SBUF);
        else  display(0);
    }
}
```

任务 1　　知识点链接

1. 数据缓冲寄存器 SBUF

51 单片机的串行口是一个可编程全双工通信接口，串行口主要有两个独立的串行数据缓冲寄存器 SBUF(一个是发送缓冲寄存器，另一个是接收缓冲寄存器)，两个寄存器共用一个地址 99H,但物理上是两个独立的寄存器。

发送时:MOV　SBUF,A

接收时:MOV　A,SBUF

2. 串行口控制寄存器 SCON

串行口控制寄存器 SCON 用来设定串行口的工作方式、接收/发送控制、设置状态标志等。其各位定义如表 8.1 所示。

串行口控制寄存器 SCON　　表 8.1

D7	D6	D5	D4	D3	D2	D1	D0
SM0	SM1	SM2	REN	TB8	RB8	TI	RI

SM0、SM1:工作方式选择位,串行口有四种工作方式,它们由 SM0、SM1 决定。

SM2:多位机通信控制位,主要用于方式 2 和方式 3。

REN:允许串行接收位。

REN = 1,允许串行口接收数据;REN = 0,禁止串行口接收数据。

TB8:方式 2,3 发送数据的第 9 位。方式 0,1 该位未使用。

RB8:方式 2,3 发送数据的第 9 位。

TI:发送中断标志位

在方式 0 时,当串行数据发送第 8 位数据结束时,或在其他方式,串行发送停止位的开始时,由内部硬件使 TI 置 1,向 CPU 发出中断请求,在中断服务程序中,必须用软件清零,取消此中断申请。

RI:接收中断标志位

在方式 0 时,当串行数据接收第 8 位数据结束时,或在其他方式,串行接收停止位的中间时,由内部硬件使 RI 置 1,向 CPU 发出中断请求,在中断服务程序中,必须用软件清零,取消此中断申请。

3. 51 单片机与串口相关寄存器初始化步骤

(1)确定 T1 的工作方式(编程 TMOD 寄存器)。

(2)计算 T1 的初值,装载 TH1,TL1。

(3)启动 T1(编程 TCON 中的 TR1)。

(4)确定串行口工作方式(编程 SCON 寄存器)。

(5)串行口工作在中断方式下,要进行中断设置(编程 IE、IP 寄存器)。

五、实验步骤

1. 在 Keil 软件编写调试代码,并生成 HEX 文件,可以参考实验一进行。

2. 下载 HEX 文件到 51 单片机。

第 1 步:把开发板电源线、数据线连接到电脑端。

第 2 步:运行桌面上 stc-isp-15xx-v6. 85H 软件。

第 3 步:在下载软件窗口选择单片机型号。

第 4 步:串口号, 选择 USB 转串口。

第 5 步:打开程序文件,找到 Keil 软件生成的 HEX 文件。

第 6 步:点击下载按钮。点击下载按钮之前,单片机不要通电,点击完下载按钮之后,轻轻按住复位按钮,等待程序烧录结束后,手再放开复位按钮。

3. 观察实验结果,调试代码。

六、实验要求

1. 认真阅读实验案例分析和实验步骤。

2. 完成实验任务 1 代码编写、调试,并下载到实验平台上,拍照保存实验结果。

3. 撰写实验报告,并画出实验任务 1 流程图。

实验九　呼叫器控制实验

一、实验目的

1. 掌握矩阵式键盘的工作原理与接口连接。
2. 掌握单片机矩阵键盘接口的程序设计方法。
3. 熟悉数码管的原理与接口。
4. 掌握必要的程序调试手段。

二、实验原理

本实验利用实验平台，模拟医院呼叫器控制设计，呼叫器共有 16 个按键，按下按键之后，数码管显示呼叫的床位。用 AT89C52 的并行口 P3 接 4 × 4 矩阵键盘，以 P3.0 ~ P3.3 作输入线，以 P3.4 ~ P3.7 作输出线；在两位数码管上显示每个按键的“0-15”序号。数码管显示电路如图 9.1 所示，矩阵键盘电路如图 9.2 所示。

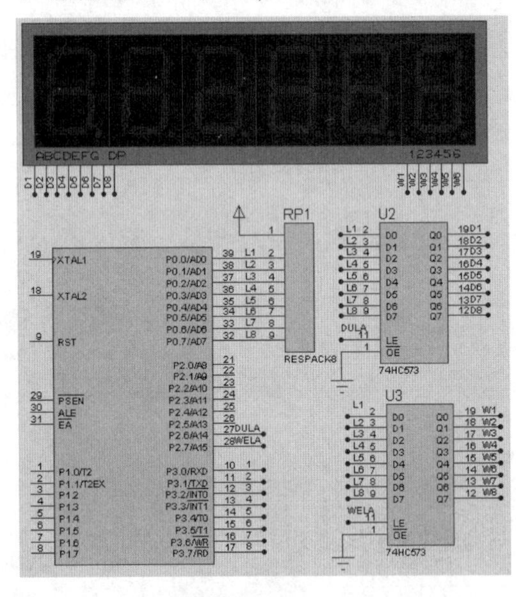

图 9.1　数码管显示电路

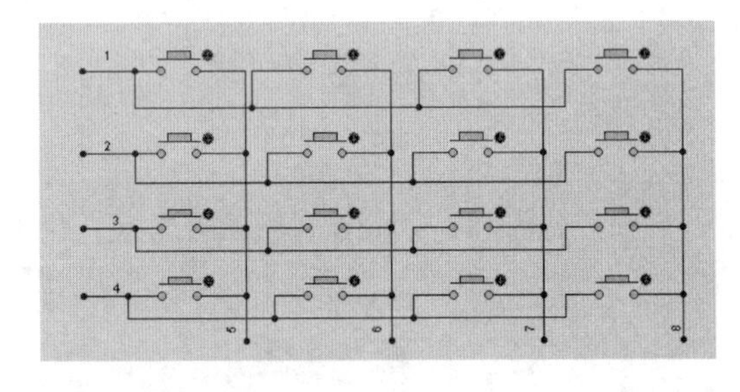

图 9.2　矩阵键盘电路

三、实验任务

任务 1　使用 4 × 4 矩阵键盘，两位数码管显示按键号；认真阅读开发板电气原理图，选择合适电气元件模拟实现上述功能

四、案例分析

任务1　C语言参考程序

```
#include <reg52.h>
#define uint unsigned int
#define uchar unsigned char
sbit DULA =P2^6;
sbit WELA =P2^7;
uchar key =0;
uchar code seg_table[ ] ={0x3f,0x06,0x5b,0x4f,
                         0x66,0x6d,0x7d,0x07,
                         0x7f,0x6f,0x77,0x7c,
                         0x39,0x5e,0x79,0x71};
void delay(uchar t);
void keyscan( );
void display(uchar k);
void main( )
{
    while(1)
    {   display(key);                //调用显示子程序
        keyscan( );                  //调用矩阵键盘扫面子程序
    }
}
void delay(uchar t)                  //延时子程序
{
        uchar x,y;
        for(x =t;x >0;x--)
        {
            for(y =120;y >0;y--);

    }
}
void display(uchar k)                //显示子程序
{
    uchar gewei,shiwei,baiwei;
    baiwei =k/100;
    shiwei =k%100/10;
    gewei =k%10;
```

```
    WELA =1;
    P0 =0xfe;
    WELA =0;
    DULA =1;
    P0 =seg_table[gewei];
    DULA =0;
    delay(10);
    WELA =1;
    P0 =0xfd;
    WELA =0;
    DULA =1;
    P0 =seg_table[shiwei];
    DULA =0;
    delay(10);
}
void keyscan( )                    //矩阵按键扫描子程序
{
uchar temp ;
P3 =0xfe;                          //扫描第 1 行
temp =P3;
temp =temp&0xf0;
if(temp!  =0xf0)
{   delay(10);
    if(temp!  =0xf0)
    {
        switch(temp)
                {
                case  0xe0:key =0;break;
                case  0xd0:key =4;break;
                case  0xb0:key =8;break;
                case  0x70:key =12;break;
                    }
    }
    while(temp!  =0xf0)
    {
       temp =P3;
      temp =temp&0xf0;
    }
```

```
}
  P3 =0xfd;                              //扫描第 2 行
 temp =P3;
temp =temp&0xf0;
if(temp!  =0xf0)
{   delay(10);
    if(temp!  =0xf0)
    {
        switch(temp)
                    {
                    case  0xe0:key =1;break;
                    case  0xd0:key =5;break;
                    case  0xb0:key =9;break;
                    case  0x70:key =13;break;
                          }
     }
     while(temp!  =0xf0)
     {
        temp =P3;
       temp =temp&0xf0;
     }
     }
       P3 =0xfb;                              //扫描第 3 行
     temp =P3;
temp =temp&0xf0;
if(temp!  =0xf0)
{ delay(10);
      if(temp!  =0xf0)
{
switch(temp)
{
case  0xe0:key =2;break;
case  0xd0:key =6;break;
case  0xb0:key =10;break;
case  0x70:key =14;break;
}
}
while(temp!  =0xf0)
```

```
{
    temp =P3;
   temp =temp&0xf0;
}
      }
   P3 =0xf7;                                   // 扫描第4行
      temp =P3;
temp =temp&0xf0;

if(temp! =0xf0)
{  delay(10);
   if(temp! =0xf0)
   {
       switch(temp)
             {
             case  0xe0:key =3;break;
             case  0xd0:key =7;break;
             case  0xb0:key =11;break;
             case  0x70:key =15;break;
                }
      }
      while(temp! =0xf0)
      {
        temp =P3;
       temp =temp&0xf0;
      }
        }
      }
```

任务1　　知识点链接

1. 矩阵键盘按键识别

无论独立按键还是矩阵键盘,单片机检测其是否按下的依据都是一样的,也就是检测与该键对应的I/O口是否为低电平。独立按键一端为低电平,单片机写程序就比较方便。而矩阵键盘两端都与单片机I/O口相连,因此在检测时需要人为通过单片机I/O口送出低电平。检测时,可以先送某一行为低电平,其余行为高电平。然后立即轮流检测各列是否有低电平,若检测到某一列有低电平,这时就可以确定按下的按键是哪一列哪一行。

2. 矩阵键盘扫描程序分析

首先把扫描第一行按键代码程序搞清楚,其他按键扫描方法都一样。

```
P3 =0xfe;
```

```
    temp = P3;
    temp = temp&0xf0;
    if(temp! =0xf0)
    {   delay(10);
        if(temp! =0xf0)
        {
            switch(temp)
                {
                    case  0xe0:key =0;break;
                    case  0xd0:key =4;break;
                    case  0xb0:key =8;break;
                    case  0x70:key =12;break;
                    }
    }
    while(temp! =0xf0)
    {
      temp = P3;
     temp = temp&0xf0;
    }
```

“P3 =0xfe;”将第 1 行线置低电平,其余行线置高电平。

“temp = P3;”读取 P3 口当前的状态值,并赋给临时变量 temp,用于后面的计算。

“temp = temp&0xf0;”判断 temp 高 4 位是否有 0,实际就是判断矩阵键盘 4 个列线,也就是判断第 1 行是否有按键按下。

“if(temp! =0xf0)” temp! =0xf0 说明有键按下。

“delay(10);”延时去抖动。

“if(temp! =0xf0);”如果 temp 仍然不等于 0,确认第一行确实有按键按下。

“switch(temp)”判断该行第几列有按键按下。

“case 0xe0:key =0;break;”如果 temp =0xe0 说明第 1 行第 1 列有按键按下。

“case 0xd0:key =4;break;”如果 temp =0xd0 说明第 1 行第 2 列有按键按下。

“case 0xb0:key =8;break;”如果 temp = 0xb0 说明第 1 行第 3 列有按键按下。

“case 0x70:key =12;break;”如果 temp =0x70 说明第 1 行第 4 列有按键按下。

“while(temp! =0xf0)”等待按键释放。

“temp = P3;”不断读取 P3 口数据。

“temp = temp&0xf0;”P3 口的数据与 0xf0 相与运算,只要结果不等于 0xf0,则说明按键没有被释放,直到释放按键,程序才退出 while 语句。

3. switch-case 语句

```
switch(表达式)
{
```

```
case 常量表达式1:
语句1;
break;
case 常量表达式2:
语句2;
break;
……..
case 常量表达式n:
语句n;
break;
default
语句n+1;
break;
        }
```

五、实验步骤

1. 在Keil软件编写调试代码,并生成HEX文件,可以参考实验一进行。

2. 下载HEX文件到51单片机。

第1步:把开发板电源线、数据线连接到电脑端。

第2步:运行桌面上stc-isp-15xx-v6.85H软件。

第3步:在下载软件窗口选择单片机型号。

第4步:串口号,选择USB转串口。

第5步:打开程序文件,找到Keil软件生成的HEX文件。

第6步:点击下载按钮。点击下载按钮之前,单片机不要通电,点击完下载按钮之后,轻轻按住复位按钮,等待程序烧录结束后,手再放开复位按钮。

3. 观察实验结果,调试代码。

六、实验要求

1. 认真阅读实验案例分析和实验步骤。

2. 完成实验任务1代码编写、调试,并下载到实验平台上,拍照保存实验结果。

3. 撰写实验报告,并画出实验任务1流程图。

七、实验思考

单片机对矩阵按键识别和对立按键识别有什么不同?

实验十　步进电机控制实验

一、实验目的

1. 掌握步进电机工作原理。
2. 掌握用程序控制步进电机方法。
3. 了解步进电机驱动芯片 ULN2003A。

二、实验原理

实验原理图如图 10.1 所示。

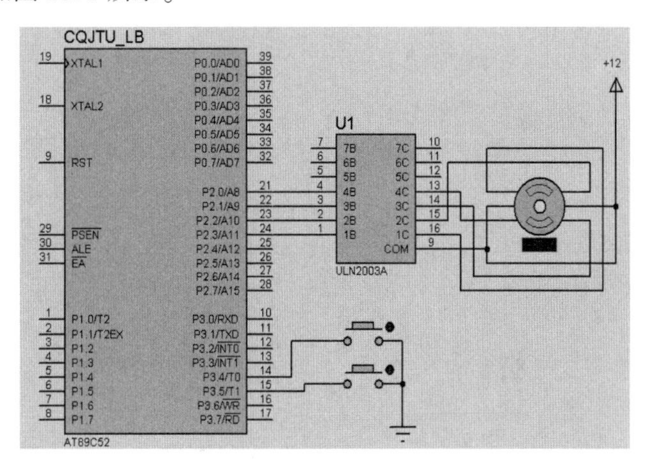

图 10.1　实验原理图

三、实验任务

任务 1　设计要求

1. 每次按下按键 A(P3.4),控制步进电机正转,长按下按键 A 步进电机持续正转。
2. 每次按下按键 B(P3.5),控制步进电机反转,长按下按键 B 步进电机持续反转。
3. 放开按键时,电机停止转动。

四、案例分析

任务 1　C 语言参考程序

```
#include <reg51.h>
#include <absacc.h>
sbit zheng =P3^4;
```

```
sbit fan =P3^5;
#define  forward   1
#define  back  2
#define  stop  3
void delay( );
main( )
{
    unsigned char temp;
    while(1)
    {
        if(zheng = =0)
        {
            temp =forward;                    //控制正转
            P2 =0X00;
            delay( );
        }
        if(fan = =0)
        {
        temp =back;                           //控制反转
        P2 =0X00;
        delay( );
    }
    if((zheng!  =0)&&(fan!  =0))
    {
        temp =stop;                           //控制停止
    }
    switch(temp)
    {
            case back : P2 =0X01;      //控制反转
                        delay( );
                        delay( );
                        P2 =0X02;//0110
                        delay( );
                        delay( );
                        P2 =0X04;
                        delay( );
                        delay( );
                        P2 =0X08;
```

```
                    delay( );
                    delay( );
                    break;
        case forward : P2 =0X08;      //控制正转
                       delay( );
                       delay( );
                       P2 =0X04;
                       delay( );
                       delay( );
                       P2 =0X02;
                       delay( );
                       delay( );
                       P2 =0X01;
                       delay( );
                       delay( );
                       break;
        case stop :                   //控制停止
                    P2 =0X00;
                    delay( );
                    delay( );
                    break;
      }
   }
}
void delay( )//延时程序
{
   unsigned i,j,k;
   for(i =0;i <0x02;i + +)
   for(j =0;j <0x02;j + +)
   for(k =0;k <0xff;k + +);
}
```

任务1　　知识点链接

步进电机驱动原理如下：

步进电机有三线式、五线式、六线式共三种，但其控制方式均相同，必须以脉冲电流来驱动。步进电机的励磁方式可分为全步励磁和半步励磁，其中全部励磁又有1相励磁和2相励磁之分，而半步励磁又称为1-2相励磁。

1.相励磁法：在每一个瞬间只有一个线圈导电。消耗电力小，准确度良好，但转矩小，振动较大。其励磁顺序如表10.1所示。

1 相励磁法正转励磁顺序 表 10.1

STEP	A	B	C	D
1	1	0	0	0
2	0	1	0	0
3	0	0	1	0
4	0	0	0	1

2. 相励磁法:在每一个瞬间有两个线圈导电。因其转矩大、振动小,故为目前使用最多的励磁方式。其励磁顺序如表 10.2 所示。

2 相励磁法正转励磁顺序 表 10.2

STEP	A	B	C	D
1	1	1	0	0
2	0	1	1	0
3	0	0	1	1
4	1	0	0	1

3. 1-2 相励磁法:为 1 相与 2 相轮流交替导通。因其转矩大、振动小,故为目前广泛使用的励磁方式。其励磁顺序如表 10.3 所示。

1-2 相励磁法正转励磁顺序 表 10.3

STEP	A	B	C	D	STEP	A	B	C	D
1	1	0	0	0	5	0	0	1	0
2	1	1	0	0	6	0	0	1	1
3	0	1	0	0	7	0	0	0	1
4	0	1	1	0	8	1	0	0	1

五、实验步骤

1. 在 Keil 软件编写调试代码,并生成 HEX 文件,可以参考实验一进行。

2. 下载 HEX 文件到 51 单片机。

第 1 步:把开发板电源线、数据线连接到电脑端。

第 2 步:运行桌面上 stc-isp-15xx-v6.85H 软件。

第 3 步:在下载软件窗口选择单片机型号。

第 4 步:串口号, 选择 USB 转串口。

第 5 步:打开程序文件,找到 Keil 软件生成的 HEX 文件。

第 6 步:点击下载按钮。点击下载按钮之前,单片机不要通电,点击完下载按钮之后,轻轻按住复位按钮,等待程序烧录结束后,手再放开复位按钮。

3. 观察实验结果,调试代码。

六、实验要求

1. 认真阅读实验案例分析和实验步骤。
2. 完成实验任务 1 代码编写、调试,并下载到实验平台上,拍照保存实验结果。
3. 撰写实验报告,并画出实验任务 1 流程图。

七、实验思考

试采用其他方式对步进电机驱动控制。

参 考 文 献

[1] 徐春辉,等.单片微型计算机及运用[M].2版.北京:电子工业出版社,2017.
[2] 郭天祥.51单片机C语言教程[M].北京:电子工业出版社,2015.
[3] 陈黎娟,等.单片微型计算实验与实践教程[M].北京:电子工业出版社,2015.
[4] 胡汉才.单片机原理及其接口技术[M].2版.北京:清华大学出版社,2004.
[5] 邓红,张越.单片机实验与运用设计教程[M].北京:冶金工业出版社,2004.
[6] 谭浩强.C程序设计[M]. 北京:清华大学出版社,1991.
[7] 林立,等.单片机原理及运用——基于Protues和KeilC[M].北京:电子工业出版社,2009.